911

911

René Staud
Jürgen
Lewandowski

Porsche

Die Kunst der Geschwindigkeit

PRESTEL
MÜNCHEN • LONDON • NEW YORK

turbo

Inhalt

Vorwort 12

911 / Die Vorläufer 14

T 7 16
901 – die Nummer Sechs 20

911 / Coupé 24

F-Modell, der Urelfer 26
911 S 30
Die G-Serie 34
911 Carrera 2 / Serie 964 40
911 Carrera 4 / Serie 964 42
911 Carrera / Serie 993 48
911 Carrera / Serie 996 54
911 Carrera GTS / Serie 997 56
911 / Serie 991 58
911 Carrera 4 S / Serie 992 62

911 / Targa 66

911 Targa 68
911 Targa / G-Serie 70
911 Turbo 3.3 Targa / G-Serie 74
911 Turbo 3.3 Targa „Karosserie“ 76
911 Targa / Serie 993 78
911 Targa / Serie 991 80
911 Targa / Serie 992 84

911 / R / RS / RSR 88

911 R 90
911 Carrera RS 2.7 94
911 Carrera RSR 2.8 100
911 Carrera RSR 3.0 102
911 SC/RS 104
911 CS Clubsport 106

911 / Der Turbo kommt 108

911 Carrera RSR Turbo 2.1 110
911 Carrera Turbo RSR 934 112
911 935 114
911 935/78 „Moby Dick“ 118
911 Carrera RS / Serie 993 120
911 GT1 / Serie 993 122
911 993 GT1 „Street Version“ 124
911 GT3 R Hybrid 128
911 GT2 RS Clubsport 132

911 / Cabriolet 136

911 SC Cabriolet 138
911 Turbo 3.3 Cabriolet 142
911 Cabriolet / Serie 964 146
911 Cabriolet / Serie 993 150
911 Cabriolet / Serie 996 152
911 Cabriolet / Serie 997 154
911 Cabriolet / Serie 992 156
911 Turbo S Cabriolet / Serie 992 158

911 / Turbo 164

911 Turbo 3.0 166
911 Turbo 3.3 170
911 Turbo 3.3 / Serie 964 172
911 Turbo S „Leichtbau“ / Serie 964 174
911 Turbo 3.6 / Serie 964 176
911 Turbo / Serie 993 178
911 Turbo / Serie 996 180
911 Turbo / Serie 997 182
911 Turbo / Serie 991 186
911 Turbo / Serie 992 190

911 / Speedster 194

911 Carrera 3.2 „Speedster Studie“ 196
911 Carrera Speedster „Turbo-Look“ 198
911 Carrera Speedster „Aerokit“ 200
911 Carrera Speedster / Serie 964 202
911 Speedster / Serie 964 204
911 Speedster / Serie 991 206

959 210

959 „Gruppe-B-Studie“ 212
959 216

911 / GT2 / GT3 218

911 GT2 / Serie 993 220
911 GT3 / Serie 996 224
911 GT2 RS / Serie 996 226
911 GT3 RS / Serie 996 230
911 GT2 RS / Serie 997 234
911 GT2 RS / Serie 991 238
911 GT3 RS / Serie 992 242

911 / One-Off-Modelle 246

Porsche Exclusive 248
911 Turbo 2.7 250
911 Turbo Cabriolet / Serie 996 „Carlo Rampazzi“ 256
911 Jubiläumsmodell 1.000.000 Exemplare 258

911 / Editionen / Sonderserien 262

911 30 Jahre 911 264
911 Millenium / Serie 996 268
911 Sport Classic / Serie 997 272
911 GT3 RS 4.0 274
911 R / Serie 991 278
911 Turbo S Exclusive / Serie 991 282
911 Dakar / Serie 992 286
911 Turbo 50 Jahre / Serie 992 290

911 / Making of 294

Impressum 304

Vorwort

Wenn zwei mal zwei gleich vier ist, dann ergibt Fahrspaß mal Design genau 911.

In keinem Automobil habe ich die Evolution von Fahren in seiner schönsten Form konsequenter erlebt als in den ersten 911ern der 70er Jahre bis zum heutigen 992. Und viele haben mich davon eng und nah begleitet, beruflich und privat.

Da war der erste 2.4 als T und dann sogar ein Targa, den ich für einen meiner Chefs Anfang der 70er zum Waschen und Tanken fahren durfte, meine Güte, war damals das Tankstellennetz noch dünn, nicht selten war ein Viertel der Tankfüllung schon wieder weg, bis der Targa in die Bürogarage zurückfand.

Der erste Turbo, den ich 1974 erleben durfte, war ein 3.0 in Weiß, zwar nicht der eigene, ein Vorführwagen von Otto Hahn, dem damaligen Vertragshändler der Porsche AG in Stuttgart. Trotzdem sahen sich Gefährt und Fahrer schon kurz vor dem Ableben, als das Geschoss bei vollem Ladedruck in dem mit Streugut überfluteten Tunnel zwischen Lech und Zürs ausbrach, ob das Auto mich oder ich das Auto aus dieser Situation rettete, nachdem ich es wieder in der Spur hatte, ist nicht überliefert.

Und 1981 stand dann endlich der erste eigene 930 in Oakgrün und als Turbo mit Kennzeichen S-EK 3838 auf meinem Parkplatz im noch jungen Unternehmen. Wahrscheinlich mehr als 50 Prozent des Firmenkapitals waren in meiner automobilen Leidenschaft gebunkert, aber Mobilität musste sein, und aus 3.0 wurde 3.3 und 3.6 und so ging es weiter, bis eben jetzt gerade die No. 25 wie ein Maßanzug meinen Körper begleitet, ein 992 Targa GTS.

Ohne die direkte Gefühlsübertragung zwischen Mensch und Asphalt hätte ich sicher die bisweilen mehr als 500.000 Turbo-Kilometer und zwischendurch gefühlten 50.000 im 959 wahrscheinlich nicht schadlos überstanden.

Als ich nun über 50 Jahre später dem 911 das vorliegende Denkmal setzen wollte, glaubte ich allerdings anfangs, mit 50 der wichtigsten Ikonen zumindest fotografisch betrachtet auszukommen. Am Ende sind es jetzt über 80 geworden, aber nur weil ich keine der Wichtigsten weglassen wollte. Dürfte ich alle zeigen, dann wären hier rund 1,5 Millionen Elfer zusammengekommen, genau so viele wären es nämlich würdig, präsentiert zu werden, denn jeder einzelne bisher gebaute Elfer ist eine Ikone, heute, morgen und in Ewigkeit.

René Staud

911/ Die Vorläufer

Im Sommer 1948 stand der erste Porsche Sportwagen auf vier Rädern – der 356/1 Roadster markiert den Beginn einer Erfolgsgeschichte, die den 356 in den nächsten 15 Jahren zu einem der begehrtesten Sportwagen der Welt machen sollte. Mit dem Serienanlauf des 911 am 1. August 1963 fand dann der Generationenwechsel statt: Nun definierte der Elfer das Porsche-Image.

Als Ferry Porsche 1948 seinen Typ 356/1 Roadster präsentierte, konnte niemand damit rechnen, dass dieses fragile Mittelmotormodell nicht nur zum Stammvater der legendären 356-Erfolgsgeschichte werden, sondern auch einen Sportwagen-Produzenten prägen und großmachen sollte, dessen Varianten die Straßen und die Rennstrecken der Welt erobern würden.

15 Jahre lang bezirzte der Porsche 356 die Herzen seiner Besitzer. Als Coupé, als Cabriolet und als Speedster – der 356 war heißbegehrt. Und Porsche sorgte mit immer größeren und stärkeren Triebwerken dafür, dass das Begehren anhielt. Doch der 356 hatte seine Grenzen: Der Innenraum konnte nicht vergrößert werden, der Wunsch nach mehr Raum konnte nicht erfüllt werden. Dazu kam das Problem, dass der ursprünglich vom Volkswagen Käfer abgeleitete Motor mit maximal zwei Liter Hubraum am Ende angelangt war – mehr als diese zwei Liter war aus der Konstruktion nicht herauszupressen, und nur weil sich Porsche auf den sensiblen und komplizierten „Fuhrmann"-Motor mit seinen vier von Königswellen gesteuerten Nockenwellen eingelassen hatte, standen im Renntrimm jene 190 PS zur Verfügung, die die Rennwagen aus Zuffenhausen immer öfter zu Plätzen auf dem Siegerpodest verhalfen.

Bereits in den frühen 50er Jahren war den Verantwortlichen diese Malaise bekannt – schon 1951 zeichnete Entwicklungs-Chef Erwin Komenda unter der Projektnummer 530 einen viersitzigen Porsche mit einem um 30 Zentimeter verlängerten Radstand. Ihm folgten jahrelang Papiere, in denen der Versuch unternommen wurde, einen Nachfolger des 356 zu definieren. 1957 oder 1958 wurde dann eine erste Leitlinie für einen 356-Nachfolger zu Papier gebracht. Hier forderte der Verkauf: „Kein grundsätzlich neuer Wagen. Sportlicher Charakter. Bei 2 Personen wesentlich grösser als jetzt. Besserer Einstieg. Bessere Rücksicht". Die Techniker forderten mehr praktische Dinge: „Bessere Sicht. Größere und senkrecht angeordnete Scheinwerfer. Bessere Stoßstangen". Und Ferry Porsche stellte klar: „2-Sitzer mit 2 bequemen Notsitzen". Mit diesen Vorschlägen für den Typ 695 war das Konzept schon ziemlich präzise definiert.

Viele Jahre lang forderten die Kunden mehr Innenraum und mehr Leistung – ihre Wünsche legten den Grundstein für den Elfer.

Ein Modell wurde mit der Typbezeichnung T7 gebaut. Dass der für ihn konstruierte Sechszylinder-Boxermotor eine Fehlkonstruktion war, wurde rasch klar – die zentral liegende Nockenwelle hätte mit den langen Stoßstangen keine im Rennbetrieb erwünschten Drehzahlen erlaubt. Doch die Form des 911 lag jetzt greifbar in der Luft – heute gilt der T7 zu Recht als Ur-Vater des 911 – seine Frontpartie mit den frei stehenden Scheinwerfern und der elegant nach vorne flach abfallenden Haube definiert bereits das Gesicht späterer Generationen. Im Innenraum ist die Evolution des Armaturenbretts ablesbar, auch wenn hier nur zwei große Rundinstrumente im Sichtfeld des Fahrers über die Befindlichkeiten des Gefährts berichten. Und die großen Glasflächen lassen die Abkehr von den kleinen, eher rudimentär wirkenden Fenstern des 356 erkennen. Noch stimmt die Heckpartie nicht wirklich, noch wirken die kleinen Lufteinlässe links und rechts in den hinteren Kotflügeln eher verspielt, noch stört der Knick in der Heckpartie die Ästhetik für den Betrachtenden, der bislang den runden Buckel des 356 verehrte. Aber das waren eher Petitessen – der T7 definierte, wie der Elfer auszusehen hatte.

T7

Baujahr: 1960

Der T7 definiert den Elfer

Die aufrecht stehenden Scheinwerfer und die elegant nach vorne flach abfallende Haube sind bereits 911 pur – doch noch stört der Knick in der Heckpartie. Der T7 ist der entscheidende Schlüssel auf dem Weg von den ersten Design-Studien hin zu der Form, die den 911 bis heute definieren. Ein Weg, der bereits Mitte der 50er Jahre begonnen hatte und den Ferry Porsche immer wieder von seinen Mitarbeitenden eingefordert hatte. Immer wieder wurde über verschiedene Radstände und Motorkonzepte nachgedacht – letztlich sollte es bis 1958 dauern, bis Ferry Porsche einem Papier von Verkauf und Technik zustimmte und dazu schrieb: „2-Sitzer mit 2 bequemen Notsitzen".

Eine schwere und lange Geburt

Heute wissen wir, dass die Genese des Porsche 901 – wie er zuerst tituliert wurde – eine ziemlich schwierige und langwierige war. Zu viele Menschen hatten dazu eine Meinung, und die Kundenwünsche differierten: Manche wollten einfach mehr Leistung, andere wollten ihre Kinder mit in den Urlaub nehmen können, und dritte wollten ihre Vorstellungen durchsetzen, obwohl in der Chefetage andere Entscheidungen gefallen waren. So hatte der langjährige und verdiente Technik-Chef Erwin Komenda – er hatte seit 1930 bereits mit Ferdinand Porsche zusammengearbeitet – andere Vorstellungen bezüglich der Technik und der Optik des neuen Modells als Ferry Porsche und sein Sohn „Butzi“ Porsche. Natürlich setzten sich Ferry Porsche und der Entwurf seines Sohns durch. Heute wissen wir, es war die richtige Entscheidung.

Der Knick in der Heckpartie gefiel nicht so sehr – Ferdinand Alexander „Butzi“ Porsche schuf dann die endgültige Linie (l.).
Noch mit zwei Rundinstrumenten: das Armaturenbrett des Porsche T7 (o.).

901 – die Nummer Sechs

Baujahr: 1963

Der älteste Überlebende

Der hellblaue 901-Prototyp (Chassis-Nummer 13 326) war erstmals vom 16. bis 26. Oktober 1963 auf der Earls Court Motor Show in London zu bewundern – es war der erste 901 mit fünf Rundinstrumenten am Armaturenbrett. Noch hatte der sechste gebaute 901 mit dem Spitznamen „Quickblau" im Heck nur eine aus Holz gefertigte Attrappe. Seinen Sechszylinder-Motor bekam der älteste überlebende Prototyp erst im März 1964 und wurde dann im Versuch von Ferdinand Piëch gefahren, bis er ihn im Dezember 1965 an den Motoren-Konstrukteur Hans Mezger verkaufte. Alois Ruf, der Mann der heute seine RUF-Fahrzeuge baut, bekam „Quickblau" vor 57 Jahren von seinem Vater geschenkt, ohne Motor und mit einem Blechschaden. Nach einer langen Restaurierung konnte der Prototyp und Ur-Ahn aller Porsche 911er-Modelle 2023 beim Concorso d'Eleganza in der Villa d'Este und in Pebble Beach seine Klasse gewinnen.

In manchen Punkten ist „Quickblau“ noch mit dem 356 verwandt, andererseits ist dies der erste 901, der das bis heute typische Armaturenbrett mit fünf Rundinstrumenten besitzt.

911 / Coupé

Am 12. September 1963 erblickte der neue Porsche – anfänglich trug er noch die Modellbezeichnung 901 – auf der IAA in Frankfurt das Licht der Welt. Selbst die größten Optimisten im Hause Porsche konnten nicht ahnen, dass dieser gelbe Prototyp mit der Chassis-Nummer 13 325 der Stammvater eines Sportwagens werden sollte, der seit mehr als 60 Jahren bis heute seine Fans begeistert.

Im Rückblick könnte man glauben, dass die Mannschaft rund um Ferry Porsche, Ferdinand Piëch und Ferdinand Alexander (FA) Porsche innerhalb von nur zwei Jahren den perfekten Sportwagen entwickelt hat. Aber ganz so einfach war es nicht: Die Entwicklung verzögerte sich, die Wahl der geeigneten Produktionsstätte gestaltete sich schwierig, und die Kosten stiegen. Relativ rasch wurde klar, dass der Wagen zwar auf den letzten Drücker für die IAA in Frankfurt fertig werden würde, doch der parallel dazu geplante Produktionsanlauf wurde immer weiter verschoben.

Und es ging bei der hektischen Entwicklung nicht nur um die Karosserie und den Motor samt Getriebe – FA Porsche arbeitete 1963 auch an Karosserievarianten wie Coupé mit Schiebedach, Coupé mit starrem Rollbügel und abnehmbarem Stahldach (daraus sollte später der Targa entstehen), Coupé mit Faltschiebedach sowie zwei Cabriolet-Varianten. Ferry Porsche hatte von Anfang an klargestellt, dass er neben dem Coupé auch ein Cabriolet im Verkaufsprogramm zu sehen wünschte. Der Zeitdruck – und wahrscheinlich auch die fehlenden zusätzlichen Finanzen – sorgten dann aber dafür, dass es beim Coupé und dem zwei Jahre später eingeführten Targa blieb. Und parallel dazu wurde auch noch das Armaturenbrett umgearbeitet, von zwei Rundinstrumenten ab Chassis-Nummer 6 auf die bis heute gültige Version mit fünf Rundinstrumenten – natürlich mit dem Drehzahlmesser prominent in der Mitte.

Ferry Porsche sagte später: „Es wurde um jedes Detail gerungen", und so beginnt man auch zu verstehen, dass Technik-Chef Hans Tomala erst am 25. August 1964 bei einer Besprechung erklären konnte, dass die Konstruktionsarbeiten für den neuen Wagen praktisch abgeschlossen seien. Und das knapp ein Jahr, nachdem Porsche den Wagen auf der IAA in Frankfurt gezeigt hatte. Erst auf dem Pariser Autosalon Anfang Oktober 1964 erklärte Porsche, dass die ersten Kundenfahrzeuge nun gegen Ende des Jahres ausgeliefert werden würden – mit mehr als einem Jahr Verspätung.

Doch die zahlreichen Interessenten warteten geduldig – oder kauften sich noch einen 356 C, der als Übergangsmodell von Mitte 1963 bis April 1965 rasch ins Programm und den auf den 911 wartenden Händlern auf den Hof geschoben wurde.

Die Geburt des Elfers war schwierig und langwierig – doch das Ergebnis begeistert auch nach mehr als 60 Jahren noch immer.

Wobei der 911 bis zum 3. Oktober 1964 – es war der Eröffnungstag des Autosalons in Paris – noch die Typbezeichnung 901 trug. Auf Wunsch von Peugeot, wo die Baureihen stets mit einer 0 in der Mitte ausgezeichnet waren, änderte Porsche an diesem Tag die Typbezeichnungen 901 und 902 in 911 und 912. Der Elfer war geboren.

Anfänglich gab es ihn nur als Coupé. FA Porsche hatte sich bereits in frühen Phasen der Formfindung Gedanken über ein Cabriolet und ein Coupé mit herausnehmbarem Stahldach gemacht, doch der Zeitdruck und der Geldmangel hatten die Pläne erst einmal vereitelt. Wer offen fahren wollte, musste zunächst mit einem Schiebedach vorlieb nehmen.

Bis heute ist das 911 Coupé das Rückgrat des Elfer-Mythos. In ihm kommt die Eleganz des ersten Entwurfs von Ferdinand Alexander Porsche bis heute perfekt zum Tragen. Keine Frage: Der Porsche 911 ist ein Jahrhundertentwurf, der auch im Laufe von mehr als 60 Jahren nichts von seiner Eleganz und Sportlichkeit eingebüßt hat.

F-Modell, der Urelfer

Baujahr: 1965

Schlicht und mit perfekten Proportionen – Designer lieben übrigens weiß lackierte Fahrzeuge. Kein Wunder dass auch „Butzi" Porsche seinen privaten frühen Elfer weiß lackieren ließ.

Der Wagen des Designers

Wahrscheinlich ist es nicht einfach, in eine so prominente Familie hineingeboren zu werden. Ferdinand Alexander Porsche, genannt „Butzi", war der älteste Sohn von Ferry Porsche, ein Enkel von Ferdinand Porsche und Cousin von Ferdinand Piëch, mit viel mehr automobiler Prominenz kann man kaum aufwachsen. 1935 in Stuttgart geboren, studierte er kurz an der Hochschule für Gestaltung in Ulm und begann 1957 im Karosserie-Stylingstudio bei Porsche – sein Chef: Erwin Komenda.

Zwei Jahre später wurde er Design-Direktor und ein Jahr später stand mit dem 901 seine Sportwagen-Ikone in Frankfurt – ein Modell, dass frisch und jung geblieben ist. Bis zu seinem Tod 2012 fuhr der später hochgeehrte Professor Porsche stets einen Elfer, sein erster 911 war weiß lackiert und schlicht ausgestattet. Es wird gerne vergessen, dass „Butzi" Porsche auch den betörend schönen 904 GTS zeichnete, bevor er von 1974 an das Porsche Design Studio in Zell am See gründete und leitete.

Ferdinand Alexander Porsche war nur zwei Semester an der berühmten Hochschule für Gestaltung, aber er lernte schnell: Sein 911-Entwurf entpuppte sich rasch als Ikone.

911 S

Baujahr: 1971

Und ewig lockt die Leistung

Zum Modelljahr 1967 offerierte Porsche mit dem 911 S die erste leistungsgesteigerte Variante – nun leistete der 2-Liter-Sechszylinder 118 kW (160 PS). Die damals bewunderten 225 km/h Höchstgeschwindigkeit bescherten dem 911 S erstmals innenbelüftete Scheibenbremsen und ein Fahrwerk mit Koni-Stoßdämpfern. Berühmt wurden mit diesem Modell auch die legendären Fuchs-Felgen, die – im Porsche-Studio unter „Butzi“ Porsche gezeichnet – bei der Firma Fuchs in Meinerzhagen produziert wurden. 1967 wuchs der Radstand um 57 Millimeter und die Leistung stieg auf 125 kW (170 PS), dazu gab es nun eine heizbare Heckscheibe.

Die G-Serie

Bauzeit: 1973–1989

16 Jahre lang im Angebot

Natürlich wurde der Elfer Jahr für Jahr weiter entwickelt – anfänglich waren mehr Fehler und Schwächen zutage getreten, als man sich heute vorstellen kann. Optisch sichtbar wurden diese Veränderungen erst wirklich mit dem G-Modell, das Mitte 1973 zum Modelljahr 1974 als Coupé und Targa auf dem Markt erschien. Es waren die neuen, wuchtigeren Stoßstangen mit den faltenartigen Übergängen zwischen Stoßstange und Karosserie, die das G-Modell optisch kennzeichneten. Der Grund dafür: Die von den USA erlassene Vorschrift, dass ein Aufprall mit 8 km/h (5 mph) keine Schäden am Fahrzeug mehr zur Folge haben durfte. Das G-Modell sollte nicht weniger als 16 Jahre – stetig weiterentwickelt und um Turbo- und Cabriolet-Varianten ergänzt – im Programm bleiben. Daran trugen auch die wassergekühlten Baureihen 924/944/968 und 928 ihren Teil bei, die große Teile der Ingenieurskapazität beanspruchten.

Schlicht und unauffällig: Die 911 G-Modelle überzeugten viele Jahre lang mit Understatement.
Noch waren bei den Basismodellen Kotflügelverbreiterungen und Spoiler nicht im Angebot.

Es waren die gefalteten Gummiprallelemente, die das G-Modell – auf Wunsch der US-Sicherheitsbehörden – kennzeichneten.

Carrera 2
S-P 198

911 Carrera 2 / Serie 964

Bauzeit: 1989–1993

Der 964: komplett überholt

Von 1973 bis 1989 hatte das G-Modell den 911 am Leben gehalten – als Coupé, als Targa und als Turbo. Doch der Elfer war in den letzten Baujahren nicht sehr geschätzt worden, Porsche hatte sich mehr um die wassergekühlten Vier- und Achtzylinder-Modelle gekümmert. Mit der 964-Baureihe schuf Porsche den Turnaround, der äußerlich zwar dem G-Modell ähnelte, unter dem Blech waren jedoch 81 Prozent aller Teile neu. Und für den Vortrieb sorgte der auf 3,6 Liter Hubraum vergrößerte Boxermotor mit 184 kW (250 PS) Leistung.

911 Carrera 4 / Serie 964

Bauzeit: 1988–1993

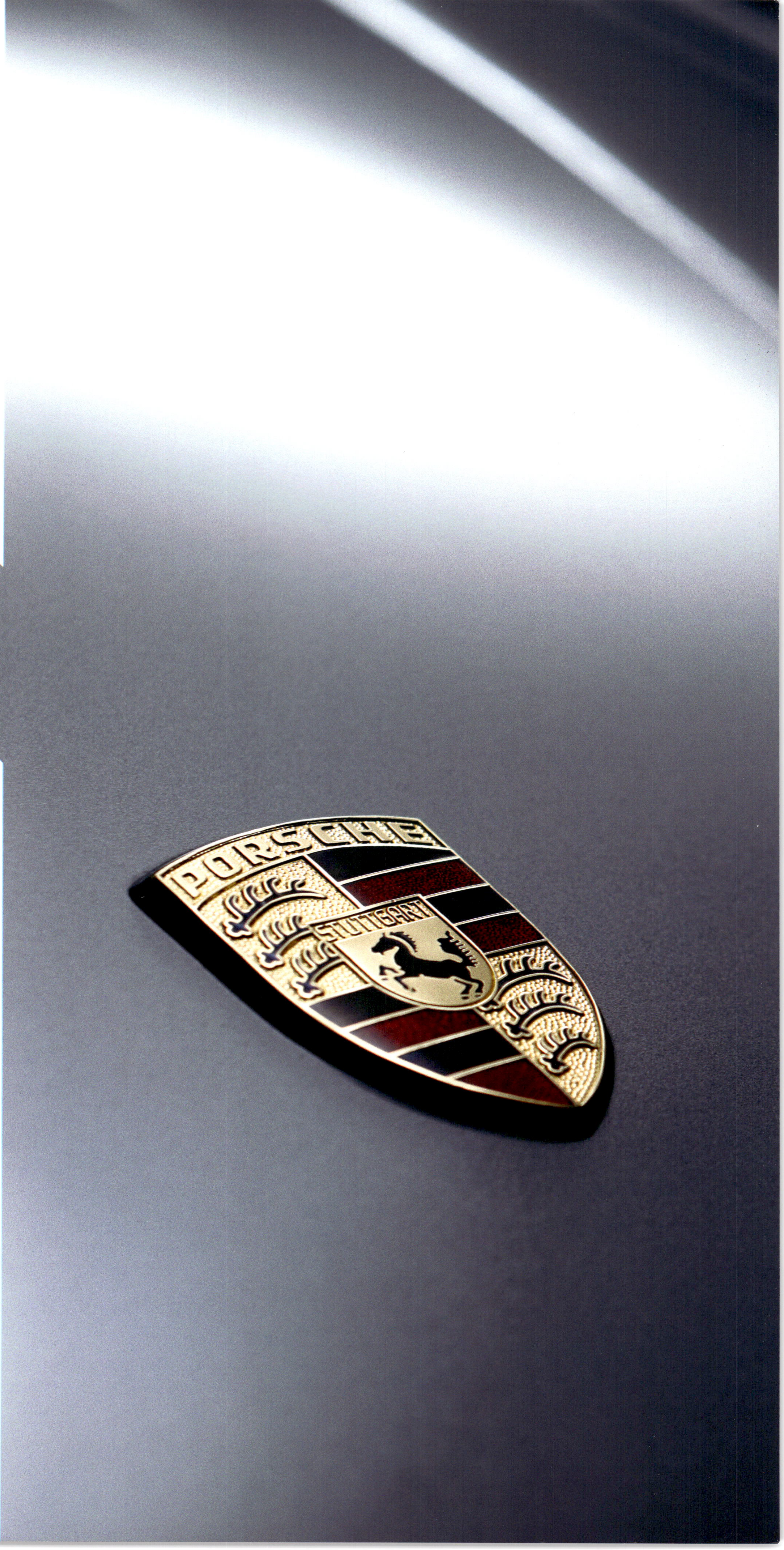

Nun auch mit Allradantrieb

Porsche hatte sich mit dem Top-Modell 959 eine Menge Technologie angeeignet, die im Laufe der Jahre auch in den „normalen“ Elfer-Baureihen Einzug halten sollte – beispielsweise der Allradantrieb, der zwar den vorne platzierten Kofferraum verkleinerte, dafür aber die Leistung im Normalfall im Verhältnis 39:69 zwischen Vorder- und Hinterachse verteilte. Erst wenn die Sensoren vorne Schlupf feststellten, wurde der Achse mit der besseren Traktion mehr Leistung zugeteilt. Dank der besseren Aerodynamik (0,32 statt bisher 0,39) und dem nun ausfahrbaren Heckspoiler erreichte das 964-Coupé 260 km/h.

Carrera 4

AMAG
SCHINZNACH-BAD
TS-No.
AMAG-No.
1P50-30
026167

911 Carrera / Serie 993

Bauzeit: 1993–1998

Moderner Sportlicher Dynamischer

Nur fünf Jahre lang war die 964-Baureihe im Programm gewesen, da zeigte Porsche im September 993 auf der IAA den 993 – optisch geglättet, mit flacheren Kotflügeln und neuen Scheinwerfern überzeugte die 993-Baureihe vor allem mit einem völlig neuen Fahrwerk. Die neue Vorderachse verfügte über Aluminium-Querlenker, während bei der neuen Hinterachse eine komplett aus Leichtmetall gefertigte Mehrlenker-Fahrschemel-Achse zum Einsatz kam, die das Fahrverhalten deutlich verbesserte. Der bewährte 3,6-Liter-Boxermotor leistete nun glatte 200 kW (272 PS), die Höchstgeschwindigkeit stieg auf 270 km/h.

Auch ästhetisch ein schöner Anblick: Die völlig neu konstruierte Mehrlenker-Fahrschemel-Hinterachse des neuen Carrera (Typ 993) sorgte für ein besseres Handling bei optimiertem Komfort.

Die Vorderachse des 993 wurde im Detail verfeinert – vergrößerter Nachlauf, negativer Lenkrollradius – und wog 3 Kilogramm weniger als beim Vorgänger (l.). Das 3,6-Liter-Triebwerk wurde mit einem hydraulischen Ventilspielausgleich, einer Bosch Motronic 2.10 und einer neuen Abgasanlage optimiert (r.).

Die 993-Baureihe zeichnete sich durch ein neues Fahrwerk aus, das dieser Elfer-Baureihe einen stabileren Geradeauslauf und eine erhöhte Bremsstabilität bescherte. Dazu kam eine weiter verbesserte Aerodynamik, zu der auch der nun bündig integrierte ausfahrbare Heckspoiler seinen Beitrag leistete. Und auf die um weitere 20 Prozent erhöhte Torsionssteifigkeit bei gleichbleibendem Gewicht der Rohkarosserie waren die Techniker besonders stolz. Und erstmals lieferbar: der serienmäßige Partikelfilter, der Pollen ab einer Größe von fünf Tausendstel Millimeter zurückhält.

911

911 Carrera / Serie 996

Bauzeit: 1997–2006

Jetzt wird mit Wasser gekühlt

Das Modelljahr 1998 bescherte der Porsche-Gemeinde mit der 996-Baureihe einen Paukenschlag: Der legendäre Boxermotor war nun wassergekühlt – das Zeitalter der Luftkühlung war zum großen Bedauern vieler Elfer-Fans beendet. Der Grund dafür: die immer schärfer werdenden Verbrauchs- und Abgasgesetze. Dazu wurde die Karosserie länger und breiter, der Elfer insgesamt komfortabler. Wahlweise standen Motoren mit 3,4 Litern und 3,6 Litern Hubraum zur Verfügung.

911 Carrera GTS / Serie 997

Bauzeit: 2004–2012

Endlich wieder runde Scheinwerfer

Mit dem 997 lieferte Porsche nun runde Scheinwerfer – die Ähnlichkeit mit dem Boxster war Vergangenheit. Die 3,6- (Carrera) und 3,8-Liter- (Carrera S) Triebwerke leisteten 239 kW (325 PS) und 261 kW (355 PS). Von 2008 an sorgte ein neuer DFI-Motor (Direct Fuel Injection) mit Direkteinspritzung für zusätzliche 15 kW (20 PS) bei verringertem Benzinverbrauch. Und mit dem gegen Aufpreis bestellbaren Porsche-Doppelkupplungsgetriebe (PDK) hatte nun Rennwagentechnik in den Elfer gefunden, mit der man schneller als mit einem Handgetriebe schalten konnte. Kleiner Trick für die Verbrauchswerte: Der siebte Gang war lang übersetzt, um niedrige Verbrauchswerte und Emissionen zu erzielen. Die Höchstgeschwindigkeit wurde deshalb im sechsten Gang erreicht.

911 / Serie 991

Bauzeit: 2011–2019

Äußerlich nahezu der Alte

Äußerlich veränderte sich die sechste Elfer-Generation mit der Typbezeichnung 991 nur unwesentlich gegenüber ihrem Vorgänger 997. Doch unter der Hülle hatten die Techniker den ersten Porsche in Aluminium-Stahl-Mischbauweise entwickelt. Die neue Rohkarosserie wog gegenüber dem 997 rund 80 Kilogramm weniger und geriet deutlich steifer. So wog der 991 – trotz gestiegener Sicherheits- und Komfortansprüche – 40 Kilogramm weniger als der Vorgänger. Dank eines Start-Stopp-Systems verbrauchten die überarbeiteten Sechszylinder-Boxermotoren mit einem Hubraum zwischen 3,4 und 3,8 Litern sowie Benzindirekteinspritzung im Normzyklus bis zu 12 Prozent weniger Kraftstoff.

Man muss schon genau hinsehen, um die neu gestalteten Leuchtdiodenrückleuchten und die überarbeitete Frontschürze mit vergrößerten Lufteinlässen wahrzunehmen sowie zu erkennen, dass die Außenspiegel nun wieder – wie bereits beim 993 – an den beiden Türen befestigt sind.

911 Carrera 4 S / Serie 992

Baujahr: seit 2019

Zwei Turbolader sorgen für den Vortrieb

Mit dem Typ 992 präsentierte Porsche am 28. November 2018 eine generalüberholte Fassung des 991, die bei gleichem Radstand 20 Millimeter länger und 5 Millimeter höher geriet. Dafür stellte ein 3-Liter-Boxermotor mit Biturbo-Aufladung 283 kW (385 PS) zur Verfügung, womit nun alle Modelle – außer den GT3-Varianten – mit Turboladern ausgestattet waren. Serienmäßig war jetzt auch das 8-Gang-Doppelkupplungsgetriebe (PDK), 7-Gang-Handschalter waren erst 2023 bei den T-Modellen lieferbar. Zu den neuen Ausstattungsextras zählten ein Spurhalte- und Nachtsichtassistent sowie ein Parkassistent mit 360-Grad-Ansicht.

Eine bemerkenswerte Symbiose aus Eleganz und Aggressivität – der Porsche 911 ist auch in der 7. Generation der Sportwagen schlechthin.

911 / Targa

Der erste Porsche war ein Roadster mit Notverdeck – sehr viel offener konnte man nicht reisen. Und natürlich gab es die ersten, noch im österreichischen Gmünd gebauten Modelle als Coupé und als Cabriolet. Während ein Cabriolet noch in weiter Ferne lag, überraschte Porsche seine Kunden 1965 mit dem Targa – er bot Sonne und Sicherheit und ein Kunststoff-Rückfenster mit Reißverschluss.

Ferry Porsche vertrat stets die Meinung, dass die Kunden die Wahl zwischen einem Coupé und einem Cabriolet haben sollten – dementsprechend regte er Anfang 1962 bei einer Konferenz mit der Karosseriefirma Karmann auch an, dass „das Cabriolet T8 (noch lief das Projekt unter diesem Projektnamen) zu derselben Zeit wie das Coupé anlaufen soll". Es war also von Anfang an beschlossene Sache, dass beide Varianten parallel entwickelt und gebaut werden sollten.

Ende September 1962 trafen sich dann zwei Delegationen von Reutter und von Karmann bei Porsche, um die Ausführung eines offenen Fahrzeugs zu diskutieren. Dazu hatte die Styling-Abteilung bereits ein Modell im Maßstab 1:75 angefertigt, parallel dazu lagen neben den Zeichnungen für ein Cabriolet aber auch zwei Zeichnungen der Design-Abteilung vor: Eine Zeichnung zeigt ein Coupé mit herausnehmbarem Dachteil, ein weiteres Teil hatte hinter der Tür einen aus Stahl gefertigten Schutzbügel, der einerseits das herausnehmbare Blechteil trug und andererseits an der Stelle des hinteren Seiten- und des Heckfensters ein Kunststofffenster besaß, das sich herunterrollen ließ.

Das Ergebnis des Treffens: Noch musste das Cabriolet warten, zu groß wären die Veränderungen und die Verstärkungen der Bodenplatte geworden, um die gewünschte Torsionssteifigkeit zu gewährleisten. Der dafür fällige Konstruktionsaufwand wäre zum damaligen Zeitpunkt nicht leistbar gewesen – noch galt es, erst einmal das Coupé serienreif zu bekommen.

Am Ende des Tages einigte man sich auf die Lösung mit dem Überrollbügel und dem herausnehmbaren Dachteil. Diese Lösung ließ sich deutlich einfacher realisieren, denn die Zahl der Gleichteile zum Coupé war wesentlich höher, und die nötigen Verstärkungen zur Torsionssteifigkeit waren erheblich einfacher zu realisieren. In Zeiten, in denen man auf jede Mark achten musste, waren das überzeugende Argumente. Dass die gefundene Lösung noch keinen Namen trug, interessierte niemand, denn erst einmal galten alle Bemühungen dem Coupé.

Im Juni 1964 wurde die Form des neuen Modells dann im Beisein von Ferry Porsche abgesegnet. Aber es sollte bis zum September 1965 dauern, bis der 911 Targa auf der IAA das Licht der Welt erblickte – und erst am 23. Januar 1967 rollte der erste Wagen in Zuffenhausen vom Fließband. Die Gründe für die Verzögerung lagen in der doch langwierigeren Entwicklungszeit – anfänglich ließ die Torsionssteifigkeit zu wünschen übrig, und der als „Sicherheitsbügel" apostrophierte Überrollbügel geriet auch nicht so stabil wie erhofft.

Doch von 1967 an eroberte sich der nach dem italienischen Wort „Targa" – auf Deutsch „Schild" – benannte Wagen ein treues Publikum, mehr als 40 Prozent der Bestellungen galten dem Targa. Ähnliche Bestelleingänge konnte auch der leistungsschwächere 912 Targa verbuchen. Damit trug der Targa viel zum stetig wachsenden finanziellen Erfolg des Unternehmens bei. Ab dem Modelljahr 1969 wurde die herausnehmbare Kunststoff-Heckscheibe durch eine fest montierte und beheizbare, aus Sicherheitsglas gefertigte Heckscheibe ersetzt. Dazu hatten unter anderem neue amerikanische Sicherheitsvorschriften beigetragen, zudem erhöhte sich durch diese Maßnahme die Torsionssteifigkeit.

Der Targa sorgte als „Sicherheits-Cabriolet" dafür, dass die amerikanischen Zulassungsbestimmungen erfüllt werden konnten.

Nachdem das Targa-Prinzip auch im 914 und 914/6 erfolgreich eingesetzt wurde, folgten im Laufe der nächsten Jahre etliche andere Hersteller diesem Prinzip des herausnehmbaren Dachteils.

911 Targa

Bauzeit: 1967–1968

Targa steht für Schild

Jahrzehntelang musste Porsche sehr auf die Finanzen achten – das war auch bei der Entwicklung des Elfers so gewesen. Und das neue Modell wirklich serien- und alltagstauglich zu machen, hatte auch mehr Geld gekostet, als im Finanzplan vorgesehen war. Deswegen ließ auch das von Ferry Porsche gewünschte Cabriolet länger auf sich warten als erwartet. Doch es gab eine Lösung: den Targa.

Ein massiver Überrollbügel schützte zur Freude der amerikanischen Sicherheitsbehörden die Insassen und gab dem Fahrzeug zur Freude der Techniker eine erhöhte Torsionssteifigkeit. Damit die Insassen die Sonne genießen konnten, verschwand das Dach auf Wunsch zusammengeklappt im Kofferraum, und die aus Kunststoff gefertigte Heckscheibe ließ sich mit Reißverschluss ebenfalls entfernen. Und nach den Erfolgen bei der Targa Florio war der Name Targa durchaus angemessen.

911 Targa / G-Serie

Bauzeit: 1969–1988

Glas sorgt für mehr Sicherheit

Natürlich hatte das im Heck befestigte, herausnehmbare Kunststofffenster seinen Charme, doch die Oberfläche veränderte sich im Laufe der Zeit und zuweilen kämpften die Besitzer auch mit störrischen Reißverschlüssen. Die Lösung kam mit dem Modelljahr 1969: Nun sorgte im Heck eine Glasscheibe für besseren Durchblick, und die elektrischen Heizfäden vertrieben im Winter Schnee und Eis.

Mit 155 kW (210 PS) Leistung und nur 610 gebauten Exemplaren ist der Carrera 2.7 Targa heute eines der gesuchtesten Modelle der G-Baureihe.

911 Turbo 3.3 Targa / G-Serie

Bauzeit: 1987–1989

Leistung pur: Turbo Targa

1977 hatte Porsche den Turbo mit 3,3 Litern Hubraum und 220 kW (300 PS) auf den Markt gebracht. Aber erst zehn Jahre später kam man auf den Gedanken, der G-Baureihe am Ende ihres Lebenszyklus eine Cabriolet- und Targa-Variante zur Seite zu stellen. Mit nur 297 gebauten Exemplaren ist dies das seltenste Modell dieser Baureihe.

911 Turbo 3.3 Targa „Karosserie“

Bauzeit: 1987–1989

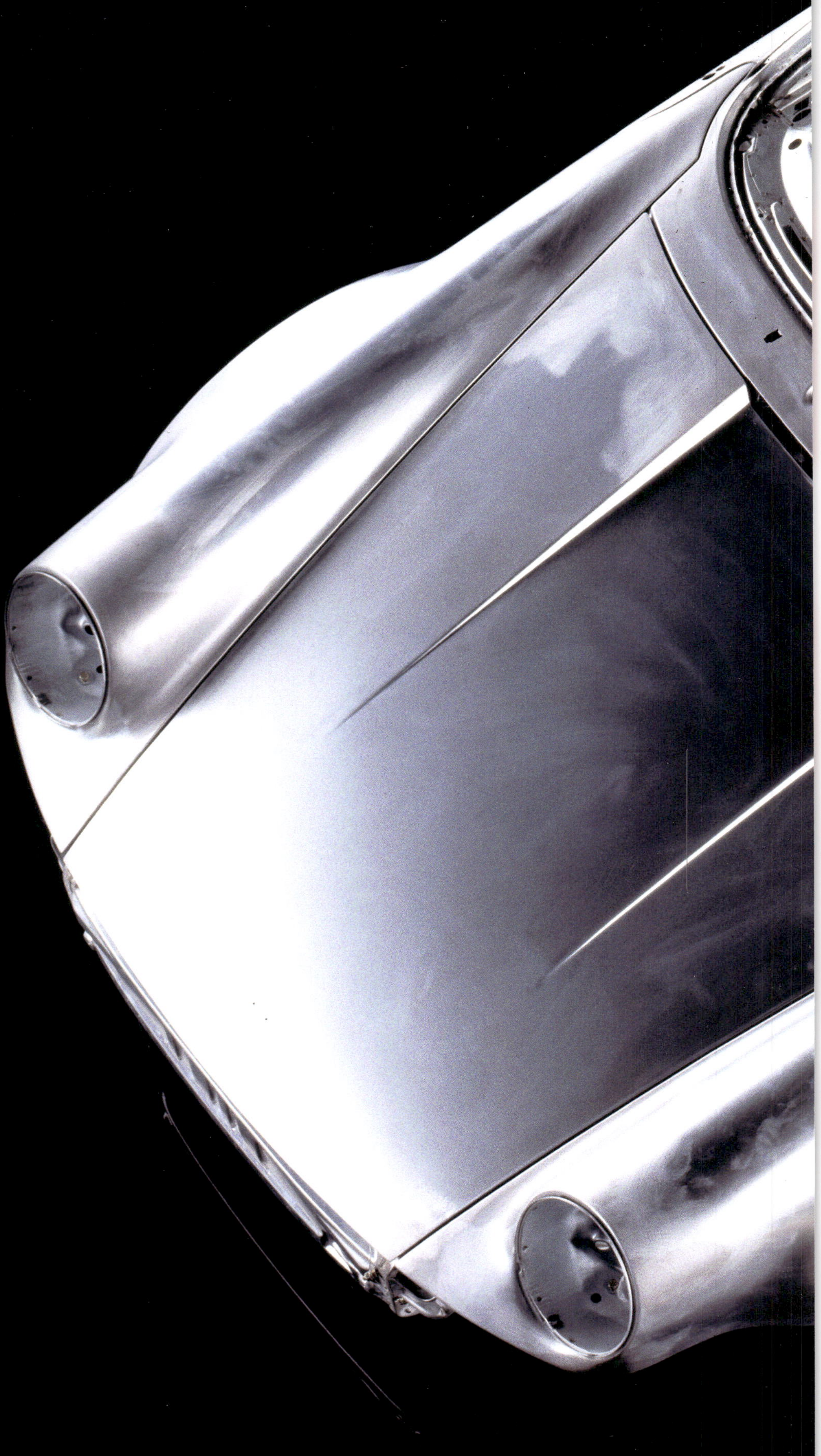

Breite Kotflügel waren ein Muss

Die breiten Kotflügel waren bei den Turbo-Modellen unausweichlich, schließlich mussten die breiteren Pneus (VA: 205/55 VR 16 auf 7J × 16J-Felgen – HA: 225/50 VR 16 auf 8J × 16J-Felgen) untergebracht werden. Und außerdem sahen sie gut aus, es gab viele Elfer-Käufer, die ihren Wagen gegen Aufpreis mit den breiteren Backen bestellten. Von der hier gezeigten Turbo-Targa-Rohkarosse wurden immerhin 297 Fahrzeuge bestellt.

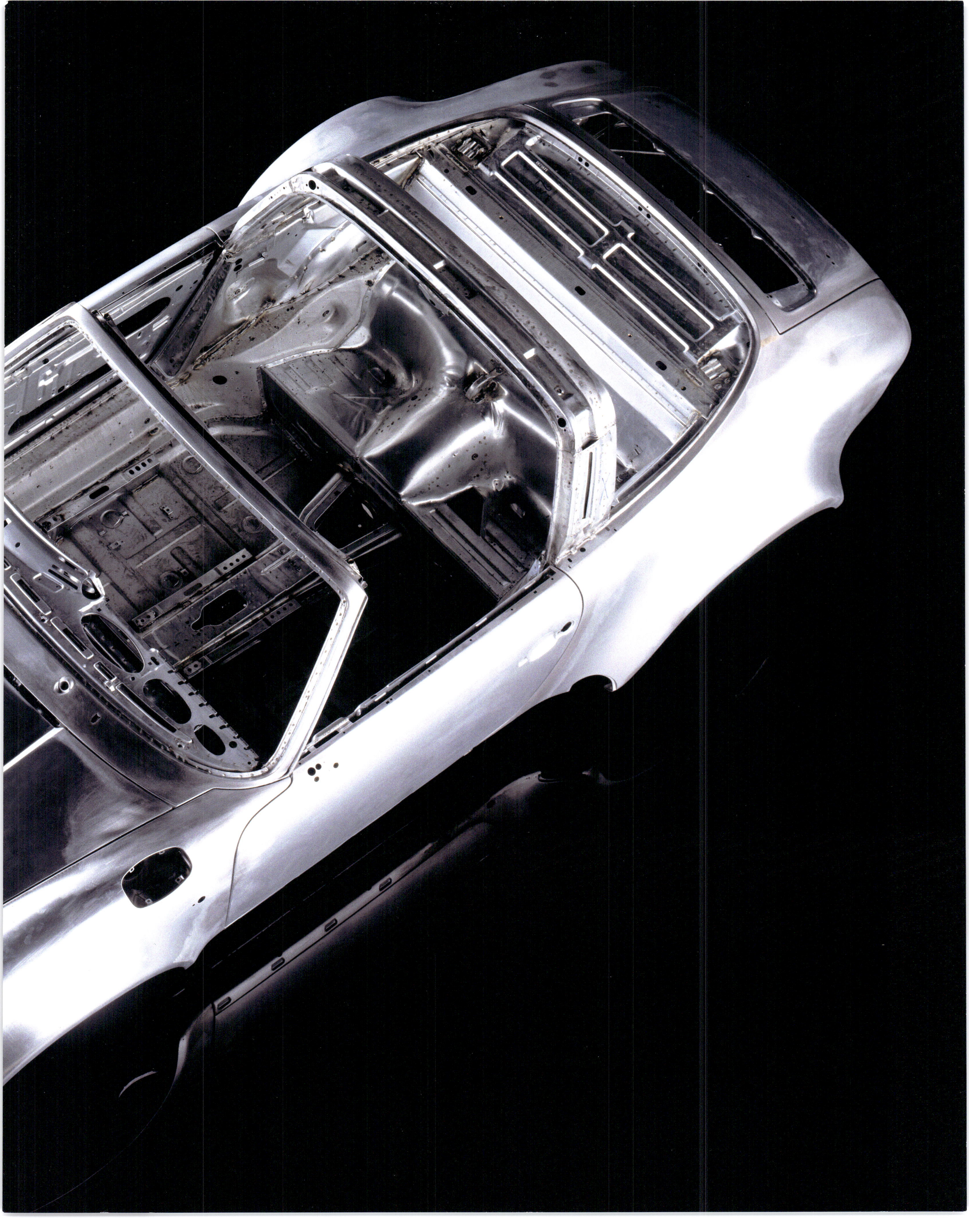

911 Targa / Serie 993

Bauzeit: 1993–1998

Targa mit Schiebedach

Natürlich erhielt auch die 964-Baureihe eine Targa-Variante. Und da der 964 nun auch mit Allradantrieb zu ordern war, gab es den Carrera 2 Targa und den Carrera 4 Targa mit dem klassischen herausnehmbaren Faltdach.
Der Targa des Nachfolgemodells mit der Bezeichnung 993 entpuppte sich jedoch als Zwitter. Dieser bot zwar ein sehr großes Glasschiebedach, das unter die Heckscheibe versenkt werden konnte – eine Lösung, die auch bei den Nachfolgern 996 und 997 angeboten wurde –, doch das typische Targa-Feeling mit dem herausnehmbaren Dachteil war verloren gegangen.

911 Targa / Serie 991

Bauzeit: 2014–2019

Das perfekt inszenierte Targa-Ballett

Es sollte bis zum 14. Januar 2014 dauern, bis auf der Motorshow in Detroit auf der Basis des Typ 991 ein völlig neuer 911 Targa vorgestellt wurde. Der Targa besaß nun wieder einen feststehenden Überrollbügel und ein Softtop mit einteiliger Heckscheibe – so wie er vom ersten Targa-Modell bis zur Baureihe 964 produziert worden war. Das Öffnen und Schließen des Dachs glich einem perfekt inszeniertem Ballett, das auch im 992 zu bewundern ist. Porsche bewarb den Klassiker mit dem Slogan: „Stellen Sie sich vor, Sie treffen Ihre Jugendliebe wieder. Und sie ist noch schöner geworden."

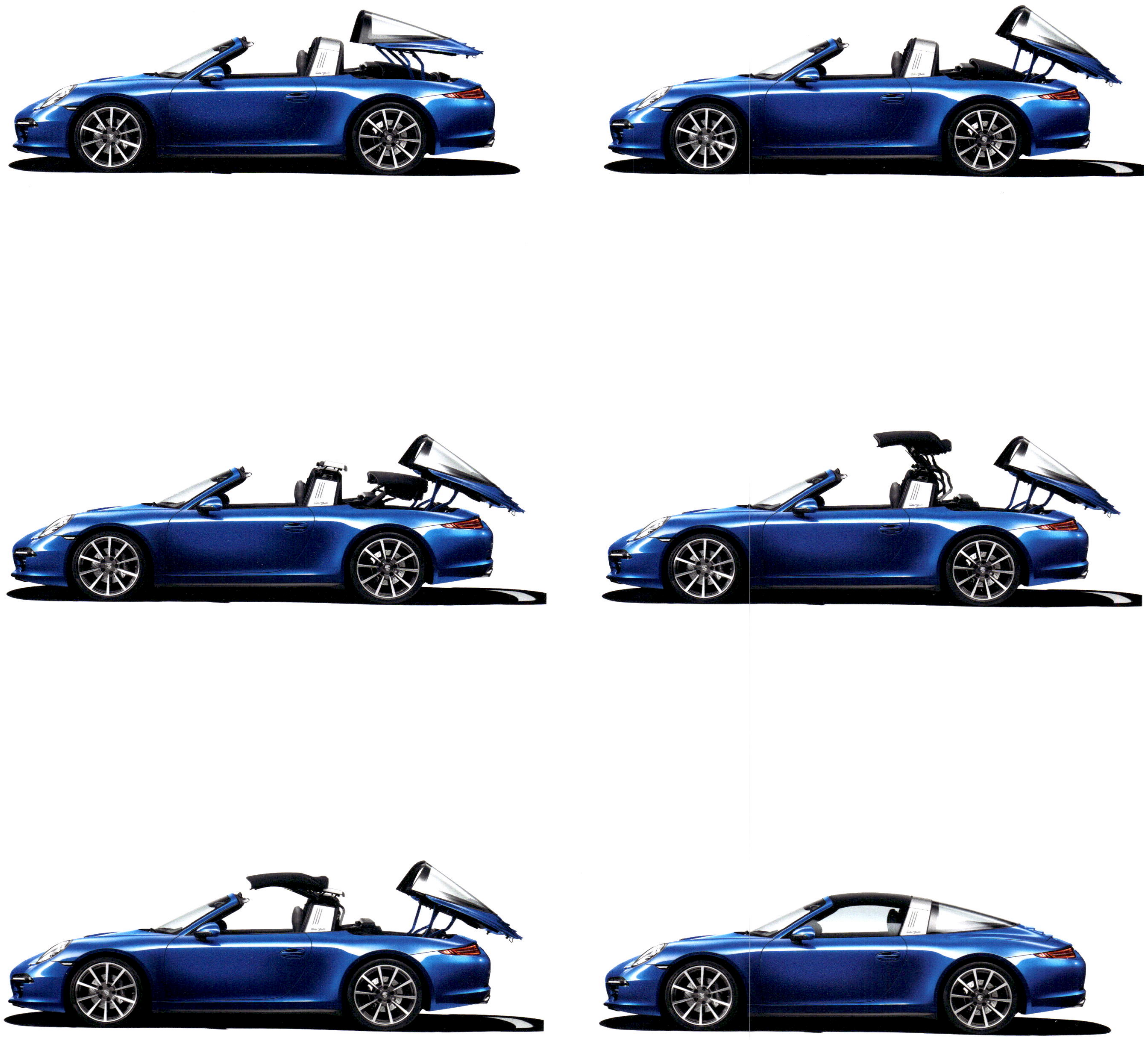

Perfekt inszeniert: Zunächst wird das Heckscheibenmodul nach hinten ausgefahren, dabei werden Teile des Targa-Bügels links und rechts ausgeschwenkt, um das Targa-Dach hinter den Notsitzen abzulegen. Schließlich wird das Heckscheibenmodul zurück in die Ausgangsposition gebracht.

PORSCHE

911 Targa / Serie 992

Bauzeit: seit 2019

targa
Carrera

Ein Schild ist ein Schild

Auch nach 50 Jahren hat der 911 Targa nichts von seiner eigenen Ästhetik verloren – der Überrollbügel verheißt Sicherheit, und das fehlende Dachmittelteil versprach Sonnenschein und Glückseligkeit. Der 992 Targa wurde etwas länger und etwas breiter, und er stellt nun auch Hybridtechnik zur Verfügung. Top-Modell ist der Carrera GTS mit 398 kW (541 PS) Leistung – auf Wunsch auch gerne mit Allradantrieb.

911 / R / RS / RSR

Win on Sunday – sell on Monday.
Porsche hatte dieses Mantra verinnerlicht – und deshalb stellte Ferdinand Piëch dem neuen Sechszylinder-Boxermotor auch gleich eine Rennmotoren-Variante mit 210 PS Leistung zur Seite, die im Herbst 1966 im 911 R zum Einsatz kam. Der 911 R sollte der Stammvater aller RS- und RSR-Modelle werden, die bis heute die Rennstrecken beherrschen.

Ferry Porsche wusste, welchen Einfluss der Motorsport auf die Entwicklung seines noch jungen Unternehmens hatte – die vielen Siege bei Rallyes und Rennen sorgten nicht nur für Ruhm und Ehre, sondern trugen auch zu den stetig steigenden Verkaufszahlen bei. Und letztlich hatte auch die Tatsache, dass der vom VW Käfer abgeleitete Vierzylinder-Boxermotor vom Hubraum und von der Leistung her am Ende seiner Möglichkeiten angekommen war, seinen Teil zu der Entwicklung des neuen Sechszylinder-Triebwerks beigetragen.

Am 1. April 1963 begann Ferdinand Piëch als Sachbearbeiter im Rennmotorenversuch. Seine erste Aufgabe bestand darin, dem neuen, von Hans Mezger gezeichneten Motor eine Rennvariante zur Seite zu stellen. Ferdinand Piëch: „Zielsetzung waren 180 PS gegenüber den 130 PS des Serienmotors – mit etwas Feinarbeit und zwei Weber-Dreifach-Fallstromvergasern hatte ich bald die gewünschten standfesten 180 PS." Später wurden dann mit geänderten Nockenwellen, Titanpleueln und Doppelzündung bei 8.000 U/min 210 PS bereitgestellt, die in einem nur 800 Kilogramm schweren Elfer für beeindruckende Fahrleistungen sorgten. Der Name des Wagens: 911 R.

Dass von dem Stammvater aller RS- und RSR-Modelle nur 23 Exemplaren entstehen sollten, lag an dem Preis: Porsche hätte 45.000 Mark verlangen und 500 Exemplare verkaufen müssen, um den 911 R homologieren zu können, und das in Zeiten, in denen der schnellste 911 S gerade einmal die Hälfte des 911 R kostete. Porsche zog rasch die Reißleine und beendete das Abenteuer 911 R.

Es sollte dem 911 Carrera RS 2.7 vorbehalten bleiben, das Versprechen des 911 R in die Realität umzusetzen. 500 Fahrzeuge musste Porsche von dem 210 PS starken RS verkaufen, um den Wagen für das Gruppe-4-Reglement homologieren zu können. Doch als der Wagen am 5. Oktober 1972 auf dem Pariser Autosalon vorgestellt wurde, war er bereits vor Weihnachten ausverkauft. Letztlich sollten 1.580 Exemplare gebaut werden, womit Porsche den RS 2.7 auch in der Gruppe 3 homologieren konnte, in der der Bau von 1.000 Fahrzeugen gefordert war.

Das Modell mit dem unverwechselbaren Entenbürzel geriet nicht nur zu einer Ikone des Hauses, sondern sorgte im Laufe der Jahre auch für

Mit dem Carrera RS 2.7 schuf Porsche einen Rennwagen, der auch im Alltag problemlos gefahren werden konnte – der Mythos RS & RSR war geboren.

Tausende von Siegen. Von den reinrassigen Rennwagen RS 3.0 und RSR entstanden 1974 dann 109 Exemplare, die viele Jahre lang für weitere Titel und Siege zuständig waren.

Natürlich schuf Porsche im Laufe der nächsten Jahrzehnte etliche weitere Elfer-Varianten für die Rennstrecken und für Rallyeeinsätze, die den Mythos der RS- und RSR-Modelle weiter fortschrieben. Heute horcht jeder am Motorsport interessierte Porschefahrer auf, wenn das Werk einen weiteren GT 2 RS oder einen GT 3 RS vorstellt – und wer ernsthaften Motorsport auf höchster Ebene betreiben möchte, greift gleich zu einem GT 3 RSR und dessen Sondervarianten, mit denen man auch in Le Mans oder bei den 24-Stunden-Rennen in Spa oder am Nürburgring reelle Siegeschancen hat.

Natürlich ließ Porsche es sich nicht nehmen, 2016 auf dem Genfer Autosalon einen auf 991 Exemplare limitierten 911 R zu präsentieren, der mit einem Vierliter-Boxermotor und einem manuellen 6-Gang-Getriebe ausgestattet war und dessen 500 PS mit nur 1.370 Kilogramm Leergewicht zu kämpfen haben. Wundert es, dass der 189.544 Euro teure 911 R heute zu wesentlich höheren Preisen gehandelt wird?

911 R

Baujahr: 1967

CHE

Der Mythos beginnt mit dem 911 R

Wahrscheinlich war die Idee zu verwegen: Ferdinand Piëch wollte den eben fertig entwickelten 911-Rennmotor mit 155 kW (210 PS) Leistung in einen extrem leichten Elfer verpflanzen – der Name des Modells: 911 R. Zwar war das 2-Liter-Triebwerk für den 904 Carrera GTS und den 914/6 GT gedacht, doch die FIA forderte 500 gebaute Homologations-fahrzeuge. Rasch war klar, dass Porsche niemals 500 Kunden für einen kargen, nur 800 Kilogramm schweren Rennwagen finden würde, der das doppelte eines 911 S kostete. Es sollte bei 23 Exemplaren bleiben, von denen unter anderem eines die Tour de France 1969 gewann. Heute ist ein echter 911 R von 1967 das Kronjuwel jeder Porsche-Sammlung.

911 Carrera RS 2.7

Bauzeit: 1972–1973

2.7
Carrera RS
PORSCHE

Ein Entenbürzel für die Ewigkeit

Man mag es kaum glauben: Als Porsche beschloss, den Carrera RS 2.7 zu bauen, zitterte die Finanzabteilung: Niemals würde man 500 Exemplare dieses Sportmodells zum Preis von 34.000 Mark verkaufen können. Acht Wochen nach der Weltpremiere auf dem Pariser Autosalon waren die 500 Autos verkauft – und Porsche baute weitere 1.080 Carrera RS 2.7, und der Finanz-Vorstand freute sich über den Geldsegen. 240 km/h war der RS 2.7 schnell, von 0 auf 100 km/h wurden in der Sportversion nur 5,8 Sekunden benötigt und der Signature-Heckflügel wurde bald auch auf normalen Elfern gesichtet. Selten haben sich Verkäufer so geirrt, aber die Lust nach noch mehr Pferdestärken ist in der Porsche-DNA fest verankert.

Mit einem Frontspoiler und dem Heckflügel des Carrera RS übernahm Porsche erstmals ein aerodynamisches Paket für ein Serienautomobil.

Warum nicht ein Carrera RSR 2.8?

Immer wieder stand Porsche vor der Frage, wie man den Carrera-Rennfahrzeugen zu mehr Leistung verhelfen konnte – und fand in der Vergrößerung des Hubraums immer wieder eine Lösung. Nachdem mehr als 1.000 verkaufte Exemplare dem Carrera RS 2.7 die Homologation in der Gruppe 4 ermöglicht hatten, wurde klar, dass eine Vergrößerung der Bohrung von 90 auf 92 Millimeter bei einem identischen Hub von 70,4 Millimetern einen 2.806 cm³ großen Motor ergeben würde, der bei 8.000 U/min glatte 220 kW (300 PS) bereitstellen würde. So entstand der RSR 2.8, von dem 49 Exemplare gebaut wurden, die in der Saison 1973 nahezu unschlagbar waren.

911 Carrera RSR 2.8

Baujahr: 1973

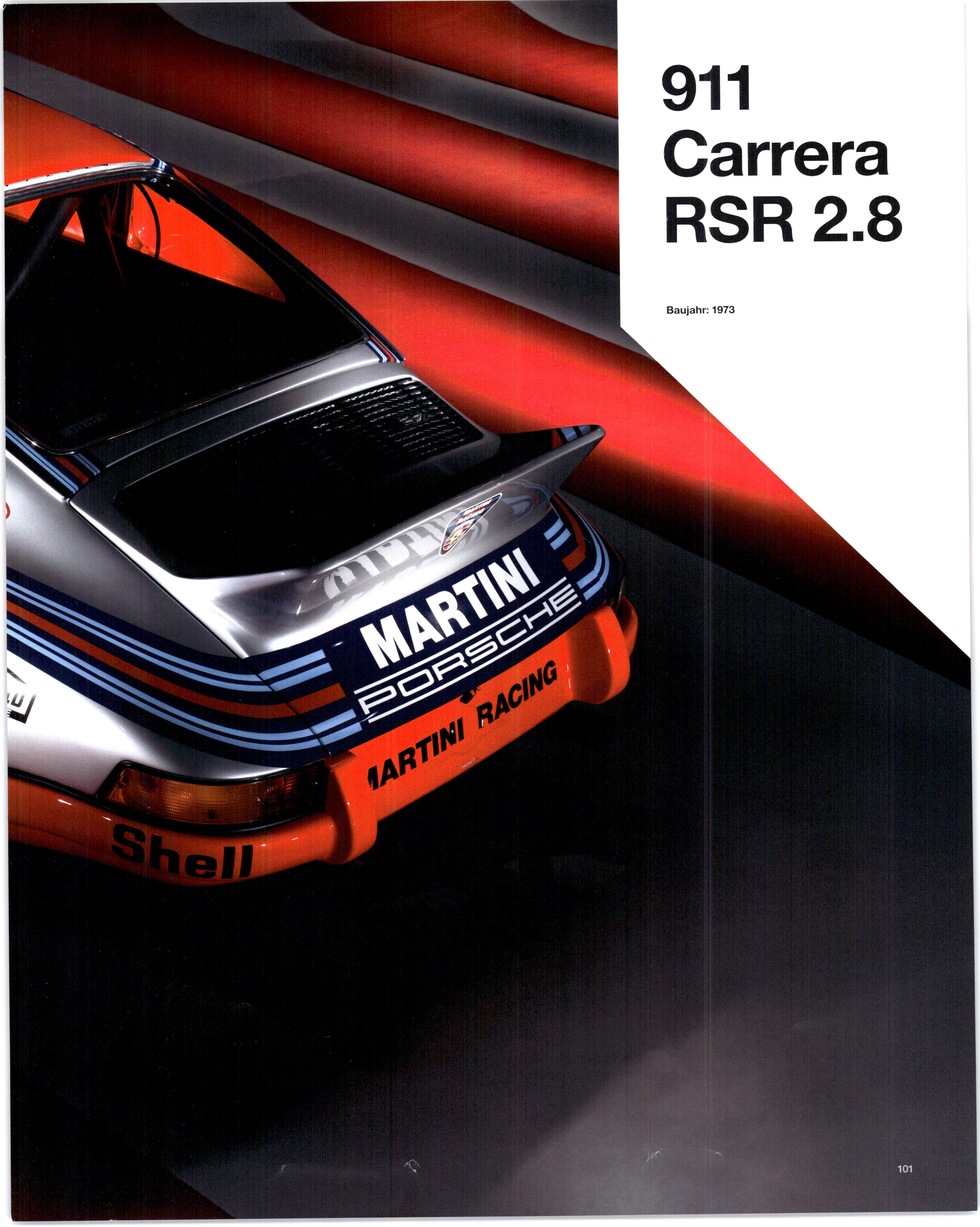

911 Carrera RSR 3.0

Bauzeit: 1974–1975

Nun mit 3 Litern Hubraum

Da das Reglement bei den für Porsche relevanten GT-Fahrzeugen bis zu 3 Liter Hubraum erlaubte, ließ eine 3-Liter-Variante mit der Bezeichnung Carrera RS 3.0 nicht lange auf sich warten. Und wer auf die Straßenzulassung verzichten und auf der Rennstrecke brillieren wollte, griff zum Carrera RSR 3.0. Von 1974 an dominierten die bis zu 250 kW (330–340 PS) starken Gefährte mit 280 km/h die Rennstrecken der Welt. 68 RSR sollten gebaut werden, dazu 15 „Cup“-Autos für die Race-of-Champions-Serie in den USA. Heute dürfte es Hunderte von Repliken geben.

911 SC/RS

Baujahr: 1985

Weil es das Reglement erlaubt

Porsche hatte immer ein waches Auge, um das Reglement perfekt zu interpretieren und bedauerte es etwas, dass der 911 im Rallye-Sport nicht mehr wirklich aktuell war. Der 9. Platz bei der Rallye Monte Carlo 1983 war Anlass genug, über einen 911 SC/RS (Super Carrera) nachzudenken. Und da das Reglement in der Gruppe nur 20 Evolutionsfahrzeuge vorschrieb, entstanden 1985 exakt 21 Exemplare des rund 1.000 Kilogramm schweren und 188 kW (255 PS) starken SC/RS, die trotz des stolzen Preises von 188.100 Mark sofort ausverkauft war. Der SC/RS verhalf Porsche unter anderem zum Gewinn der Rallye-Europameisterschaft.

911 CS Clubsport

Baujahr: 1987

CS steht hier für Clubsport

Im September 1987 erfreute Porsche die Fahrer, die sich gerne mit ihrem 911 auf der Rennstrecke trafen, mit 189 Exemplaren des Clubsport. Der Name sagt es bereits: für Clubsport-Veranstaltungen geeignet. Dafür wurde der 170 kW (231 PS) starke Elfer kräftig erleichtert: keine Klimaanlage, keine elektrisch verstellbaren Sitze, keine elektrischen Fensterheber, keine Zentralverriegelung. Das Ergebnis: 100 Kilogramm weniger auf der Waage. Damit waren 248 km/h und eine Beschleunigung in 5,9 Sekunden auf Tempo 100 gesichert. Weniger Gewicht kostete übrigens keinen Aufpreis: Es blieb bei 80.235 Mark für den CS. Der letzte 911 Clubsport wurde im Sommer 1989 verkauft – da stand der Nachfolger 964 Cup bereits in den Startlöchern.

911 / Der Turbo kommt

Es fehlten Pferdestärken und der Boxermotor war mit sechs Zylindern und 3 Litern Hubraum am Ende – die Konkurrenz hatte acht und zwölf Zylinder. Da besann man sich auf den Turbolader und dessen vergleichsweise einfache Methode, die PS-Zahlen dramatisch erhöhen zu können. Zuerst erprobte man die Technik aber mit 2,1 Litern Hubraum.

Nachdem der Porsche 917 mit seinem Zwölfzylinder-Motor 1971 vom Reglement ausgebremst worden war, begann Porsche, dem Rennwagen mit zwei Turboladern zu 735 kW (1.000 PS) zu verhelfen, und gewann 1972 die amerikanische CanAm-Serie.

Natürlich dachte man mit dem Knowhow auch darüber nach, dem Carrera RSR zu mehr Leistung zu verhelfen. Das Ergebnis war ein in vier Exemplaren gefertigter Prototyp mit der Bezeichnung 911 Carrera RSR Turbo 2.1, der 1974 vom Werk eingesetzt wurde. Die Bezeichnung 911 Carrera RSR Turbo definiert klar, um was es sich handelt, doch die Ziffern 2.1 (also der Hubraum von 2.142 cm^3) ist erklärungsbedürftig. Grund für die Hubraumreduzierung war der sogenannte Formfaktor von 1,4, mit dem Turbomotoren multipliziert wurden, um Chancengleichheit gegenüber Saugmotoren zu erreichen. So kam man bei einem Hubraum von 2.142 cm^3 mit dem Formfaktor auf die maximal im FIA-Reglement zugelassenen 3 Liter Hubraum.

Wie effizient die Turbotechnik funktionierte, zweigte das Ergebnis: Hatte der 3-Liter-Saugmotor maximal 250 kW (330–340 PS) geliefert, so erreichte der 2,1-Liter-Turbomotor relativ schnell 368 kW (500 PS). Da der 2,1 Turbo seine Leistung aber rasch und nahezu explosionsartig zur Verfügung stellte, war der Wagen extrem schwierig zu fahren – man musste früher als üblich vor der Kurve vom Gas gehen und bremsen, um dann bereits vor dem Scheitelpunkt aufs Gas zu gehen, damit sich der Ladedruck aufbaute und die vielen PS zum richtigen Moment wieder zur Verfügung standen. Es sollte seine Zeit dauern, bis sich die Top-Piloten an diese Motorcharakteristik gewöhnt hatten, und zu den Zeiten der 934- und 935-Modelle, die von 1976 an den Kundenteams zur Verfügung standen, konnte man die Zahl der Fahrer, die diese Fahrzeuge am Limit bewegen konnten, an zwei Händen abzählen.

An Kunden wurde der Typ 934, der auf der Basis des 930 gebaut wurde, unter der Bezeichnung Porsche Turbo RSR von 1976 an verkauft. Letztlich wurden 30 dieser Rennwagen mit 357 kW (485 PS) Leistung zum Preis von 108.000 Mark gebaut und ausgeliefert. Homologiert war der 934 in der Gruppe 4, die dem Wagen etliche aerodynamische Hindernisse wie einen kleinen Heckspoiler in den Weg legte, weshalb es der 1.120 Kilogramm schwere 934 in den Bremszonen nicht leicht hatte.

Das alles wurde mit dem 935 (Gruppe 5) besser, denn hier konnte die Karosserie deutlich aerodynamischer geformt werden, was bei dem 970 Kilogramm schweren und 340 km/h schnellen 935 auch nötig war. Hier sorgte ein 2.857 cm^3 großer Motor (Formfaktor 1,4 entspricht 4 Litern Hubraum) für bis zu 433 kW (590 PS). Um dieses Fahrzeug noch zu toppen, brachte Porsche 1978 den 935/78 in Le Mans an den Start. Seinen Spitznamen „Moby Dick“ verdankte der 620 kW (845 PS) starke Rennwagen seiner ausladenden Karosserie, bei der Porsche das Reglement bis zum Exzess ausgenutzt und neu interpretiert hatte. Dazu hatte das Unikat einen Motor mit vier obenliegenden Nockenwellen.

Einen völlig neuen Weg ging Porsche 2010 mit dem GT3 R Hybrid, bei dem der Rennwagen zusätzlich zu dem 353 kW (480 PS) starken Rennmotor noch über zwei Elektromotoren verfügte, die an der Vorderachse angebracht waren und zusätzliche 120 kW (163 PS) zur Verfügung stellten. Hier sorgte aber keine Batterie für die nötige Energie, sondern der Strom wurde beim Bremsen gewonnen und hielt einen Schwungsradspeicher auf 40.000 U/min. Beim Beschleunigen gab der Speicher die Energie wieder an die Elektromotoren an den Vorderrädern ab. Dass der 997 GT3 Hybrid beim ersten 24-Stunden-Rennen auf dem Nürburgring nach 22 Stunden in Führung liegend an einem Defekt einer Ölpumpe scheiterte, verhinderte knapp eine technische Sensation.

Als die Konkurrenz über mehr Hubraum und mehr Zylinder verfügte, beschloss Porsche, die Turbotechnik zu perfektionieren.

911 Carrera RSR Turbo 2.1

Baujahr: 1974

Eigentlich kaum fahrbar

Der erste Carrera RSR Turbo war ein Versuchswagen pur, mit dem Porsche den Versuch unternahm, die im Porsche 917/30 angewandte Turbotechnik auch in die GT-Fahrzeuge zu verpflanzen. Unter dem riesigen Heckflügel verbarg sich der Ladeluftkühler des 2.142 cm³ großen Boxermotors, der rasch bis zu 368 kW (500 PS) abgab. Vier Fahrzeuge wurden gebaut, eines davon erreichte 1974 beim 24-Stunden-Rennen von Le Mans mit Gijs van Lennep und Herbert Müller Rang zwei im Gesamtklassement.

Carrera Turbo RSR 934

Baujahr: 1976

Nur für Kunden gebaut

Das Gruppe-4-Reglement forderte für den 934 ein Leergewicht von 1.120 Kilogramm, und das Basismodell 930 wog 1.195 Kilogramm. Es musste also nicht viel abgespeckt werden, und so hatten die Bremsen des Porsche 917 heftige Verzögerungsarbeit zu leisten, wenn sich der 300 km/h schnelle 934 engen Kurven näherte. Zusammen mit dem vom Reglement vorgeschriebenen kleinen Heckflügel entpuppte sich der 357 kW (485 PS) starke 934 als schwierig zu fahren – kein Wunder, dass viele 934 später mit dem großen Spoilerpaket des 935 umgebaut wurden.

935

Bauzeit: 1976–1978

24 heures du MANS
1978
IMSA
CIBIÉ
pca
PORSCHE
GT
BOSCH

Die Königsklasse: Porsche 935

Hatte es sich Porsche 1976 noch vorbehalten, die Gruppe-5-Variante des 911 mit der Bezeichnung 935 nur mit dem Werksteam einzusetzen, so durften 1977 auch die Kundenteams zum Preis von 140.000 Mark einen 935 mit einem Turbolader erwerben – dafür gab es 433 kW (590 PS) und 340 km/h. Ein Jahr später erhielt der Kunden-935 dann zwei Turbolader und 10 PS mehr, die mit höherem Ladedruck auch mehr als 515 kW (700 PS) zur Verfügung stellten. Der 935, von dem das Werk rund 73 Exemplare baute, gewann nicht nur Le Mans, sondern auch Dutzende von weiteren großen Rennen und ist bis heute einer der populärsten Porsche-Rennwagen, der mit seiner Optik noch immer begeistert.

Bill Van PORSCHE + AUDI
90
HAWAIIAN Tropic
BRONZAGE NATUREL DES ILES
BP
BP
GOODYEAR
GOODYEAR
BP BP BP
garretson enterprises

935/78 „Moby Dick“

Baujahr: 1978

Radikaler geht es nicht mehr

Der „Moby Dick“ entstand, da man bei Porsche in Weissach vermutete, dass BMW mit seinem frisch angekündigten M1 auch in der Gruppe 5 an den Start gehen würde. Da man in München auch bereits Erfahrungen mit Turbo-Triebwerken gesammelt hatte, fiel die Entscheidung, einen ganz besonderen 935 zu entwickeln. Das Ergebnis war der 935/78, der das Reglement aerodynamisch exzessiv ausgelotet hatte und dessen Motor nicht nur über 3.211 cm^3 Hubraum, sondern auch über vier obenliegende Nockenwellen verfügte, die über Stirnräder angetrieben wurden. Das Ergebnis: 625 kW (845 PS) – im Training sogar 660 kW (900 PS) und 366 km/h Höchstgeschwindigkeit. Bei vier Rennen gab es nur einen Sieg – der kleine Tank erforderte zu viele Tankstopps.

911 Carrera RS / Serie 993

Baujahr: 1996

Born to be wild

Geboren als Homologationsmodell für die BPR-GT3- und die GT4-Rennserie, musste der Porsche 911 Carrera RS 3.8 seine Renntauglichkeit nicht groß beweisen. Mit nur 226 gebauten Exemplaren ist der 220 kW (300 PS) starke RS 3.8 (Hubraum 3.746 cm³) ein gesuchtes Sammlerstück. Geschaltet wurde selbstverständlich manuell über ein 6-Gang-Getriebe. Die Clubsport-Variante verzichtete auf den Dachhimmel, den elektrischen Rückspiegel, die Zentralverriegelung, das Radio und die Airbags – genau so wünschten ihn sich seine Käufer.

911 GT1 / Serie 993

Baujahr: 1996

Le Mans gewann er auch

Wie so oft entstand auch der 993 GT1 als Homologationsmodell, damit das Werk und einige seiner Kunden in den USA, in Le Mans sowie ab 1997 an der FIA-GT-Meisterschaft mitfahren konnten. Hatte die Frontpartie noch eine Ähnlichkeit mit dem 993, so hatte Porsche im Heck den 405 kW (550 PS) starken Biturbo-Motor um 180 Grad gedreht als Mittelmotor montiert und die Heckpartie neu designt. 25 Fahrzeuge – darunter auch ein paar Straßenversionen – sollten gebaut werden, letztlich wurden es 21, eines davon gewann 1998 das 24-Stunden-Rennen von Le Mans.

GT1 „Street Version“

Baujahr: 1997

Weil es das Reglement verlangt

Mit dem GT1 schuf Porsche eine extreme Elfer-Interpretation, mit der man erfolgreich im Rennsport – Sieg in Le Mans 1998! – antrat. Nun verlangte das Reglement auch den Bau einer Straßenversion, weswegen Porsche ein Exemplar der insgesamt 24 gebauten GT1 als Straßenversion mit 400 kW (544 PS) zur Homologation baute. Später wurden dann einige der zum Preis von 1.550.00 Mark verkauften Rennwagen zu Straßenfahrzeugen umgebaut. Dafür gab es den Spurt auf 100 km/h in 3,7 Sekunden und 308 km/h Höchstgeschwindigkeit.

911 GT1

Kenner streiten darüber, ob der GT1 ein echter 911 ist – dafür spricht die Frontpartie, dagegen der wassergekühlte Rennmotor, der hier vor der Hinterachse als Mittelmotor montiert wurde.

911 GT3 R Hybrid

Baujahr: 2010

PORSCHE
www.porsche.com
adidas
PORSCHE
INTELLIGENT
PERFORMANCE

Nun auch mit Allradantrieb

Bei dem 2010 gebauten 911 GT3 R Hybrid erprobte Porsche erstmals einen auf dem Beifahrersitz montierten Schwungradspeicher, der die beiden zusätzlich zu einem 353 kW (480 PS) starken 4-Liter-Boxermotor an der Vorderachse montierte Elektromotoren mit 60 kW (82 PS) Leistung mit Strom versorgte. Aufgeladen wurde der Speicher beim Bremsen, wenn die Elektromaschinen ihre Funktion umkehrten und als Generatoren arbeiteten. Beim Beschleunigen oder Überholen gelangten dann für bis zu acht Sekunden bis zu 120 kW (163 PS) an die beiden E-Motoren. Eine geniale Lösung, mit der Porsche 2010 beinahe das 24-Stunden-Rennen auf dem Nürburgring gewonnen hätte – wenn nicht eine Ölpumpe versagt hätte.

adidas
PORSCHE
GT3R hybrid
MICHELIN
Mobil 1

OMP

GT2 RS Clubsport

Bauzeit: 2019–2020

Nur für die wirklich Mutigen

Man darf sich die Porsche-Techniker als neugierige Menschen vorstellen, die sich immer wieder Fragen stellen wie „Kann man eigentlich auch einen Turbo noch schneller machen?“. Die Antwort trug bereits 1995 die Bezeichnung GT2. 2019 stellte Porsche noch einmal einen leistungsgesteigerten Turbo mit 515 kW (700 PS) und Heckantrieb als GT2 RS vor, um den Verkauf der 500 Exemplare machte man sich wie immer keine Sorgen. Dann kam der Ruf nach einer Clubsport-Edition (200 Exemplare), die noch leichter sein sollte, damit man auf der Rennstrecke noch etwas mehr Spaß haben könnte. Der Preis dafür: 405.000 Euro – natürlich auch sofort ausverkauft.

911 / Cabriolet

Offen den Sonnenschein genießen – das war von 1948 an bei Porsche eine Selbstverständlichkeit. Doch dann kam mit dem Targa 1965 eine völlig neue Lösung. Es sollte weitere 16 Jahre dauern, bis auf der IAA 1981 die Studie eines 911 Cabriolet zu bewundern war, und ab dem Modelljahr 1983 stand der 911 SC auch als Cabriolet bei den Händlern. 20 Jahre 911 ohne Cabriolet hatten ein Ende.

Natürlich kann man sich heute fragen, warum Porsche seinem Elfer 20 Jahre lang eine Cabriolet-Variante verweigert hatte. Schließlich lagen ja bereits Ende September 1962 erste Zeichnungen für ein Cabriolet vor, und die Design-Abteilung hatte auch ein Modell im Maßstab 1:75 gebaut. Doch man hatte weder Zeit noch Geld, die Konstruktion und den Bau eines weiteren Modells zu bewältigen. Und der Targa erfüllte den Wunsch nach mehr Frischluft ja erfolgreich.

Mitte der 70er Jahre begann sich Porsche unter Ägide des Vorstandsvorsitzenden Ernst Fuhrmann weg vom luftgekühlten Elfer hin zu den 924- (1975) und 928-Varianten (1977) zu entwickeln, der 911 sollte abgewickelt werden: zu laut, zu hohe Abgaswerte, ein Auto vermeintlich am Ende seiner Entwicklungsmöglichkeiten. Nun waren der 924 und der 928 hervorragend konstruierte Fahrzeuge, die den Namen Porsche zu Recht trugen – aber sie hatten nicht mehr die „Porsche-Handschrift", wie es Ferry Porsche ausdrückte.

Eine Einschätzung, die der neue Vorstandsvorsitzende Peter W. Schutz durchaus teilte – und er zog die Konsequenzen: Nun sollte der etwas vernachlässigte 911 mit einem Allradantrieb und als Cabriolet auf Vordermann gebracht werden. Schutz sah im Elfer und dessen Derivaten blendende Chancen für die Zukunft des Unternehmens und signalisierte auf der IAA im September 1981 die Neuausrichtung der Ikone 911 mit einer schneeweißen Cabriolet-Allrad-Studie, die von den Porsche-Liebhabern mit Begeisterung aufgenommen wurde. Zwar zierte sich Porsche noch etwas: „Wir prüfen erst noch, ob die Studie serienreif gemacht werden kann", doch in Wirklichkeit fuhren bereits die ersten Prototypen im Entwicklungszentrum in Weissach. So wunderte es nicht weiter, dass Porsche auf dem Genfer Autosalon 1982, stolze 17 Jahre nach der Produktionseinstellung des 356 C Cabriolets, die Serien-Version des 911 SC Cabriolets – ohne Allradantrieb – präsentierte und offiziell verkündete, dass der 911 SC ab dem Modelljahr 1983 neben dem Coupé und Targa auch noch als Cabriolet geordert werden konnte.

Das lange ersehnte Cabriolet half beim Verkauf des Elfers – im ersten Baujahr verließen 4.187 Cabriolets die Hallen in Stuttgart. Zwar sank die Zahl der verkauften Targa-Modelle um knapp 1.500 Fahrzeuge, doch unter dem Strich blieb ein Zuwachs von mehr als 2.500 verkauften Elfern.

Und Peter W. Schutz sorgte weiter für interessante Derivate: Im Frühjahr 1987 sorgten das 911 Turbo Cabriolet und der 911 Turbo Targa für Begeisterung. Zwar stand die Frage im Raum, ob ein Cabriolet oder Targa wirklich 300 PS haben und 260 km/h schnell sein müsse, aber einmal mehr hatte Porsche einen Bestseller abgeliefert. Klar, dass der Turbo-Look mit breiten Kotflügeln, aber ohne Heckflügel gegen Aufpreis auch für den normalen Elfer zur Verfügung gestellt wurde.

Seit dem 911 SC Cabriolet ist diese Variante wieder ein fester Bestandteil des Porsche-911-Modellprogramms – ein Klassiker, der seinen festen und treuen Käuferkreis besitzt und bei jeder neuen Baureihe selbstverständlich bestellbar ist. Dass aus dem 204 PS starken 911 SC Cabriolet mit 3 Litern Hubraum und 235 km/h heute ein 911 Carrera Cabriolet mit 394 PS und 291 km/h Höchstgeschwindigkeit geworden ist, konnte damals niemand ahnen. Aber dass Porsche damals einen Klassiker schuf, war allen Beteiligten auf Anhieb klar.

17 Jahre lang mussten die Elfer-Fans auf ein richtiges Cabriolet warten – dann sorgte das 911 SC Cabriolet für Begeisterung.

911 SC Cabriolet

Bauzeit: 1982–1994

Der Blick durch die Windschutzscheibe beweist: Es gibt vom 911 endlich ein Cabriolet – ein Bestseller war geboren.

Das Warten hat nach 20 Jahren ein Ende

In den 70er Jahren wurde der Elfer ziemlich vernachlässigt. Der 911 SC war mit seinen 150 kW (204 PS) nicht gerade übermütig motorisiert, nur der Turbo überzeugte mit 220 kW (300 PS), hatte aber einen hohen Preis. So sollte es dem neuen Chef Peter W. Schutz vorbehalten sein, den Elfer zu modernisieren und ihn endlich auch als Cabriolet anzubieten. Im März 1982 stand das Cabriolet dann auf dem Genfer Autosalon. Porsche hatte dem Stoffdach eine neue Spriegeltechnik verpasst, die zu 50 Prozent aus geprägten Stahlblechprofilen bestand. Das Ergebnis überzeugte: Extrem steif und derart leise erreichte kein anderes Cabriolet 235 km/h.

911 Turbo 3.3 Cabriolet

Bauzeit: 1987–1988

Leistung im Überfluss

Wie bei Porsche üblich, hatten immer wieder 911-SC-Cabriolet-Kunden nach mehr Leistung gefragt – und ob man nicht einen 3.3 Turbo auch offen erwerben könne. Erstaunlicherweise kamen die meisten Anfragen aus den USA, wo das 260 km/h (161 mph) schnelle Cabriolet eigentlich übermotorisiert war. Gegen Ende der Bauzeit des G-Modells standen dann Cabriolet und Targa auch als Turbo-Variante zur Verfügung, und von dem Turbo-Cabriolet wurden nie erwartete 1.642 Exemplare verkauft – obwohl der Preis (das Coupé kostete 135.000 Mark) zuletzt ohne Sonderausstattung auf 156.500 Mark gestiegen war.

An der dicken Lippe war das Turbo 3.3 Cabriolet gut zu erkennen.

911 Cabriolet / Serie 964

Bauzeit: 1989–1993

Auf das 911 SC Cabriolet folgte 1989 das 964 Cabriolet. Es sollte sechs Jahre lang im Modellprogramm bleiben.

Auf Wunsch auch mit Allradantrieb

Ende der 80er Jahre wartete die Elfer-Community sehnsüchtig auf den Nachfolger der mittlerweile 15 Jahre alten G-Modelle. Das Ergebnis trug die Typbezeichnung 964 und bot eine Vielzahl neuer Lösungen. Beispielsweise den Allradantrieb, der eine vereinfachte Variante der Porsche-959-Technik war, dazu kam ein völlig neues Leichtmetallfahrwerk mit MacPherson-Federbeinen vorn und Schraubenfedern an den Schräglenkern hinten. Nun waren Servolenkung und ABS serienmäßig, und der neue 3,6-Liter-Motor mit 184 kW (250 PS) erhielt eine Doppelzündung und einen geregelten Drei-Wege-Kalalysator. Alles neue Technik, die auch dem Cabriolet zugutekam.

911 Cabriolet / Serie 993

Bauzeit: 1994–1997

Das letzte Cabriolet mit Luftkühlung

Im Januar 1994 stand das neue Carrera Cabriolet auf dem Porsche-Stand der Detroit Motor Show und überzeugte sofort durch seine elegante Form. Zu dem serienmäßigen Sechsgang-Getriebe konnte wahlweise auch das Viergang-Automatikgetriebe Tiptronic bestellt werden – und der 3,6-Liter-Sechszylinder stellte 200 kW (272 PS) zur Verfügung, die 270 km/h Höchstgeschwindigkeit ermöglichten. Neben den heckgetriebenen Carrera-2-Modellen, von denen 15.499 Exemplare gebaut wurden, gab es von 1995 an auch das allradgetriebene Carrera 4 Cabriolet, das von 1995 bis 1997 exakt 2.422-mal bestellt wurde. Es war nur mit handgeschaltetem 6-Gang-Getriebe erhältlich.

911 Cabriolet / Serie 996

Bauzeit: 1997 – 2006

Länger Breiter Offener

Mit der Premiere der fünften Elfer-Baureihe beendete Porsche ein Dogma: Der Sechszylinder-Boxermotor war nun wassergekühlt – die immer schärferen Abgasgesetze forderten ihren technischen Tribut. Und so wirkte im Heck des von dem neuen Design-Chef Harm Lagaaij gezeichneten 996 ein wassergekühlter Motor mit anfänglich 3,4 Liter Hubraum (221 kW / 300 PS), der zwei Jahre später auf 3,6 Liter Hubraum (235 kW / 320 PS) anwuchs. Der größer und breiter gewordene 996 wurde auch im Innenraum deutlich überarbeitet und geriet so komfortabler – und er war mit Heck- und mit Allradantrieb zu erwerben. Wer keine Freude an dem handgeschalteten Sechsgang-Getriebe hatte, bestellte die Tiptronic-Variante.

911 Cabriolet / Serie 997

Bauzeit: 2004 – 2012

Er hätte gerne mehr Leistung haben können

Nachdem die von Harm Lagaaij wieder eingeführten runden Scheinwerfer für die Beruhigung der Elfer-Afficionados gesorgt hatte, wuchs die Kritik an der nur mäßig gewachsenen Leistung des 3,6 Liter Carrera, der nur um 5 PS oder 4 kW zugelegt hatte und nun 239 kW oder 325 PS zur Verfügung stellte. Doch man konnte die 997-Varianten auch als Carrera 4S mit 3,8-Liter Hubraum (283 kW / 385 PS) bestellen – und wer sich unter freiem Himmel noch mehr Leistung gönnen wollte, griff zum Carrera 4 GTS, der von 2009 an verfügbar war und mit 300 kW (408 PS) problemlos die 250 km/h-Grenze überschritt.

911 Cabriolet / Serie 992

Bauzeit: 2020–heute

Offen offener 992 Cabriolet

Zwei Monate nach dem Carrera Coupé zeigte Porsche am 9. Januar 2019 das 992 Carrera Cabriolet. Wie beim Coupé gab es die offene Variante mit und ohne Allradantrieb mit 283 kW (385 PS) und als Carrera S mit 331 kW (450 PS) Leistung. Obwohl 290 und 300 km/h Höchstgeschwindigkeit zur Verfügung standen, genossen die meisten Besitzer ihr 992 Cabriolet doch eher mit niedrigeren Geschwindigkeiten bei Sonnenschein. Natürlich gab es für leistungsbewusste Interessenten auch den 992 Turbo und den Turbo S als Cabriolet, bei denen bis zu 478 kW (650 PS) bei Tempo 330 für Orkanböen im Haar sorgten.

911 Turbo S Cabriolet / Serie 992

Bauzeit: 2020–heute

Sie haben die Wahl: Darf es ein 992 Turbo Cabriolet mit 427 kW (580 PS) sein oder doch ein Turbo S Cabriolet mit 478 kW (650 PS)?

992 Turbo: Feintuning at it’s best

Ein bisschen länger, ein bisschen breiter – optisch unterschied sich der 992 nicht wesentlich vom 991. Dafür zählten zu den neuen Ausstattungsextras ein Spurhalte- und Nachtsichtassistent sowie ein Parkassistent mit 360-Grad-Ansicht. Der 2020 vorgestellte Turbo S hatte einen 3,7-Liter-Otto-Boxermotor mit 478 kW (650 PS) Leistung und ein 8-Gang-Doppelkupplungsgetriebe sowie Allradantrieb. Bleibt die Frage, wo man 330 km/h Höchstgeschwindigkeit tatsächlich ausfahren kann.

PORSCHE

911 / Turbo

Leistung kann man nie genug haben. In den 70er Jahren begann ein Wettrüsten bei den Autoherstellern: 300 PS waren nun selbstverständlich, und sogar Limousinen erreichten 230 km/h. Der Turbolader bot da Möglichkeiten, mit relativ geringem Aufwand die PS-Zahlen zu erhöhen – eine Lösung, die Porsche im Motorsport erprobt hatte. Der 911 Turbo brachte die Lösung auf die Straße.

Vor mehr als 100 Jahren meldete der Schweizer Alfred Büchi 1905 ein Patent über die Gleichdruck- oder Stauaufladung an, und bereits in den 30er Jahren wurden von der Adolph Saurer AG die ersten Diesel-Lastwagen mit Turbolader produziert. Doch es sollte bis in die 60er Jahre dauern, bis sich die ersten Autohersteller an diese Technik wagten, bei der eine vom Abgasstrom angetriebene Turbine über eine Welle eine zweite Turbine antreibt, die ihrerseits Luft ansaugt und verdichtet und so dem Verbrennungsraum zu mehr Sauerstoff für eine bessere Verbrennung verhilft. Kurz gesagt: Der Turbolader hat den Vorteil, die in den Abgasen enthaltene Energie gratis zur Verfügung zu stellen. Der Nachteil: Wenn die Drehzahl sinkt, sinkt auch die Turbolader-Drehzahl, und die Leistung fällt abrupt ab. Der Motor liefert entweder nur wenig Leistung oder schlagartig sehr viel Leistung.

Von der Rennstrecke in den Alltagsverkehr – der 911 Turbo war auf Anhieb das Tüpfelchen auf dem „i" und vom ersten Tag an heiß begehrt.

Diese Eigenschaft hinderte Porsche jedoch nicht daran, den 5,4-Liter-Zwölfzylinder des 917-Rennwagen 1973 mithilfe der Turbotechnik mit bis zu 1.100 PS auf die Rennstrecken zu schicken – und alles zu gewinnen, was es zu gewinnen gab.

Zwar hatte man bereits 1969 ein paar 2-Liter-Motoren mit einem Turbolader im Versuch, doch erst 1974 war ein 911 mit Turbolader erfolgreich auf den Rennstrecken aufgetaucht, die Straßenversion folgte etwa zeitgleich. Mit dem 911 Turbo 3.0 besaß man nun einen 260 PS leistenden Sportwagen, der mit den deutlich hubraumstärkeren Modellen aus Italien, Großbritannien und den USA mithalten konnte.

Basis des neuen Top-Modells war der 3-Liter-Sechszylinder des Carrera RS 3.0, der mit der Hilfe eines KKK-Turboladers bei 5.500 U/min die 260 PS ablieferte, die dem Turbo zu 250 km/h verhalfen. Natürlich verkaufte sich der Star des Elfer-Programms auf Anhieb hervorragend. 1977 folgte dann auf vielfachen Wunsch der Kunden der Turbo 3.3 mit 3,3 Litern Hubraum und 300 PS Leistung, tatsächlich hatten sich viele Käufer noch mehr Leistung gewünscht. Der Turbo 3.3 war nicht weniger als elf Jahre im Programm und konnte von 1987 an – zwei Jahre vor Produktionseinstellung – auch als Cabriolet und als Targa bestellt werden.

Natürlich erkannte man bei Porsche den ganz besonderen Reiz des Turbos rasch, und so gehört bis zum heutigen Tag auch stets eine Turbo-Variante in das Modellprogramm. Die Nachfolgebaureihe 964 erhielt eine Turbo-Variante mit 320 PS, die später auf 3,6 Liter Hubraum vergrößert und mit 360 PS angeboten wurde. Die nächste Turbo-Generation (993) war dann erstmals mit zwei Turboladern und mit serienmäßigem Allradantrieb und mehr als 400 PS unterwegs. Es blieb bis heute bei dem Allradantrieb, wenn man einmal von der Variante 911 GT2 der Baureihe 997 absieht, die mit 530 PS Leistung und Heckantrieb nur in der Hand wirklich erfahrener Besitzer zu fantastischen Rundenzeiten und 329 km/h Höchstgeschwindigkeit animierte. Dass später noch ein GT2 RS mit 620 PS in limitierter Stückzahl angeboten wurde, zeigt, wie begeistert manche Turbo-Fans von diesem Kraftpaket waren.

Der „normale" Turbo blieb auch bei der nächsten Baureihe 991 beim bewährten Allradantrieb und bot nun zwischen 521 und 607 PS – Ausnahme auch hier wieder ein GT2 mit 700 PS und Heckantrieb. In seiner neuesten Ausprägung (Typ 992) ist der Turbo nun zu einem souveränen Gleiter auf höchstem Niveau gereift – wahlweise mit 580 oder 650 PS und immer mit Allradantrieb. Noch warten die Helden der Rennstrecke auf einen Turbo GT2 RS, aber es sieht derzeit nicht danach aus, als ob Porsche auch diese Version in kleinsten Stückzahlen unter den Sammlern verteilt. Klar ist, dass der Turbo im Laufe der Jahre von einem schwierig zu fahrenden Gefährt zu einem kommoden Hochgeschwindigkeitsexpress mutiert ist.

Turbo
PORSCHE
NF YY 930H
D

911 Turbo 3.0

Bauzeit: 1974–1989

Nun war der Turbolader en vogue

Kurz vor der Weltpremiere des Porsche Turbo erhielt Luise Piëch zu ihrem 70. Geburtstag den ersten Wagen als Geschenk – eine Woche später feierte der Serien-911-Turbo (Typbezeichnung 930) dann auf der IAA Weltpremiere. Und wie nicht anders zu erwarten, begeisterten sich die leistungsorientierten Elfer-Fans für den 191 kW (260 PS) starken Super-Elfer mit dem von einem Turbolader erstarkten 3-Liter-Boxermotor. Von 0 auf 100 km/h in 5,5 Sekunden, 250 km/h Höchstgeschwindigkeit – man war begeistert. Im Frühjahr 1975 wurden die ersten Exemplare für 65.800 Mark (Grundpreis) ausgeliefert, geplant waren 1.000 Exemplare. Letztlich wurden 2.876 Fahrzeuge verkauft.

Der Turbo-Schriftzug am Heck war optional. Viele Kunden wählten dezente Farben, nicht alle wollten zeigen, dass sie sich das Top-Modell aus Zuffenhausen geleistet hatten.

NF YY 930H

911 Turbo 3.3

Bauzeit: 1978–1989

Bestseller mit Turbolader

Wie so oft verlangten auch die Turbo-Besitzer rasch nach mehr Leistung – Porsche erfüllte den Wunsch 1978 mit dem Turbo 3.3 und 221 kW (300 PS). Möglich wurde dies durch eine Hubraum-Vergrößerung auf 3.299 cm^3, eine auf 7:1 erhöhte Verdichtung und einen Ladeluftkühler, der – über dem Triebwerk montiert – einen neuen Heckspoiler mit Unterbau erforderte. 1984 gab es dann gegen Aufpreis eine Leistungssteigerung um 22 kW (30 PS). Am Ende kamen noch Turbo-Targa und Turbo-Cabriolet ins Programm. Der Turbo 3.3 blieb nicht weniger als elf Jahre im Programm, und es wurden 17.381 Exemplare verkauft – Zahlen, mit denen Porsche nie gerechnet hatte.

911 Turbo 3.3 / Serie 964

Bauzeit: 1990–1992

Dieser Turbo war nur als Coupé zu haben

Porsche Turbo 2 war die Bezeichnung des Turbos auf der Basis des neuen Typs 964. Die Karosserie des neuen Carrera 4 erhielt die von einem Turbo erwarteten Kotflügelverbreiterungen, das bewährte 3,3-Liter-Triebwerk wurde überarbeitet und stellte nun 235 kW (320 PS) zur Verfügung. Am Heck betonten der weitgehend vom Turbo 3.3 des G-Modells übernommene Heckflügel sowie zwei ovale Endrohre seine Eigenständigkeit. Der 270 km/h schnelle 911 Turbo 3.3 des Typs 964 war – mit Ausnahme einer Cabriolet-Kleinstserie – ausschließlich als Coupé erhältlich.

911 Turbo S „Leichtbau“ / Serie 964

Bauzeit: 1992–1993

Heute Kultobjekt: Turbo S

Auf der Basis des in der IMSA-Supercar-Serie in den USA gefahrenen Modells zeigte Porsche 1992 auf dem Genfer Autosalon die 911-Turbo-Leichtbaustudie. Natürlich gab es sofort Bestellungen, und Porsche baute auf der Basis des Turbo 3.3 bis zum Herbst 1993 180 Fahrzeuge, die unter der Bezeichnung 911 Turbo S mit 280 kW (381 PS), einer deutlich reduzierten Ausstattung (keine Klimaanlage, keine elektrischen Fensterheber, keine Zentralverriegelung, keine elektrische Sitzverstellung) und einem damit um 180 Kilogramm reduzierten Leergewicht nahezu die Fahrleistungen des 959 brachten. Heute ist der Turbo S eines der gesuchtesten Modelle überhaupt.

911 Turbo 3.6 / Serie 964

Bauzeit: 1992–1993

Und immer wieder wächst der Hubraum

Der große Heckflügel mit der Gummilippe erinnert noch an den Ur-Turbo 3.3, aber der im Modelljahr 1993 vorgestellte 964 Turbo 3.6 besaß einen neuen, direkt vom Triebwerk des neuen Carrera 4 abgeleiteten, auf 3,6 Liter Hubraum vergrößerten Sechszylinder. Die Leistung stieg auf 265 kW (360 PS) – nun waren 280 km/h möglich. Obwohl im Sommer 1994 mit dem Modelljahr 1995 der neue Porsche 993 eingeführt wurde, blieb der Turbo 3.6 noch bis zum Jahresende in Produktion.

911 Turbo / Serie 993

Bauzeit: 1995–1998

Nun auch mit Allradantrieb

Der 993 Turbo bewies bei seiner Präsentation 1995, dass Porsche sein Elfer-Topmodell immer technisch auf der Höhe halten konnte. Nun hatte der mittlerweile 300 kW (408 PS) starke 3,6-Liter-Boxermotor zwei Turbolader für ein besseres Ansprechverhalten und den vom 959 übernommenen und angepassten Allradantrieb. Aerodynamisch überarbeitet erreichte der Wagen – trotz des höheren, durch den Allradantrieb bedingten Gewichts – 290 km/h. Wem das nicht genügte, konnte im Werk mehr Leistung (316 kW/430 PS oder 330 kW/450 PS) bestellen. 4.815 Fahrzeuge sollten entstehen, dazu kamen 342 leistungsgesteigerte Modelle.

911 Turbo / Serie 996

Bauzeit: 2000–2005

Nun auch mit Wasserkühlung

Zwei Jahre mussten die Freunde des Turbo warten, bis der 996 Turbo im Herbst 1999 auf der IAA in Frankfurt Premiere feierte und im Sommer 2000 ausgeliefert wurde. Die Turbo-Ausführung des 996 leistete bei 6.000 U/min 309 kW (420 PS) und verfügte über zwei Ladeluftkühler und zwei Turbolader (Biturbo), hatte einen Hubraum von 3.600 cm³ und war im Gegensatz zu den Motoren der Carrera-Modelle mit einem externen Öltank für die Trockensumpfschmierung ausgestattet. Serienmäßig war der Turbo mit Allradantrieb und 6-Gang-Schaltgetriebe ausgestattet, ab Ende 2001 konnten auch eine 331 kW (450 PS) starke Turbo-S-Variante bestellt werden.

911 Turbo / Serie 997

Bauzeit: 2006–2011

Feintuning heißt die Devise

Mehr Leistung – 353 kW (480 PS) – bei geringerem Gewicht und dazu ein optimiertes Automatikgetriebe waren die Technikneuerungen des 997 Turbo. Dazu hatte Design-Chef Harm Lagaaij der neuen Frontpartie wieder runde Scheinwerfer und nun auch wieder einen ausfahrbaren Heckspoiler spendiert. Mit der Modellpflege 2009 erhielt der Turbo nach 35 Jahren einen neu konstruierten Motor, der jetzt – mit variabler Turbinengeometrie – 368 kW (500 PS) lieferte, und auf Wunsch konnte erstmals ein 7-Gang-Doppelkupplungsgetriebe geordert werden. Ein Jahr später kam dann der Turbo S mit 390 kW (530 PS) zu den Händlern.

D
S

7777

911 Turbo / Serie 991

Bauzeit: 2013–2020

S GO 537
turbo S

Weiter geglättet und stromlinienförmiger gab sich der auf der IAA im September 2013 vorgestellte neue Turbo.
Natürlich wuchs auch die Leistung auf nunmehr 383 kW (520 PS).

Hinterrad-lenkung serienmäßig

Mit der neuen 991-Baureihe überarbeitete Porsche den Turbo deutlich: Ein neuer Allradantrieb, eine aktive Hinterradlenkung, adaptive Aerodynamik, Xenon-Scheinwerfer und ein noch stärker gewordener Biturbo-Motor mit 383 kW (520 PS) oder im Turbo S 412 kW (560 PS) ermöglichten erfahrenen Piloten auf dem Nürburgring eine Rundenzeit von 7:30 Minuten. Für die Übertragung der Leistung sorgte ein 7-Gang-Doppelkupplungsgetriebe (PDK), das auch eine Beschleunigung in 3,1 Sekunden auf Tempo 100 möglich machte. Die Höchstgeschwindigkeit? 318 km/h.

911 Turbo / Serie 992

Baujahr: ab 2020

427 kW (580 PS) leistet der 3,8-Liter-Sechszylinder, das 8-Gang-Doppelkupplungsgetriebe beschleunigt den 911 Turbo auf 320 km/h.

Ohne Wenn und Aber

Obwohl der 911 Turbo über die Jahre schneller, größer und komfortabler wurde, hat er sich seine Grundcharakteristik stets bewahrt. Er verbindet Sportlichkeit mit Alltagstauglichkeit, Emotionalität mit Zuverlässigkeit und Dynamik mit Effizienz. Dabei war seit jeher die technische Evolution das wichtigste Erfolgsgeheimnis des Turbo-Modells aus Zuffenhausen. Deshalb sprintet der 911 Turbo 992 nun auch in 2,8 Sekunden von 0 auf 100 km/h – 0,2 Sekunden schneller als sein Vorgänger. Optisch geriet der 911 Turbo im Vergleich zu seinem direkten Vorgänger muskulöser: 20 Millimeter breiter an der Hinterachse, 45 Millimeter über der Vorderachse, und der aktive Bugspoiler und der variable Heckspoiler sind ebenfalls gewachsen.

911 / Speedster

Offen, offener, Speedster.
Eigentlich war der Speedster ja eine Verlegenheitslösung: Der US-Markt wollte eine preisgünstigere Version des 356 haben, Coupé und Cabriolet waren ziemlich teuer. Porsche lieferte ein radikal erleichtertes Cabriolet mit dünnem Stoffverdeck und Steckscheiben – der Name: Speedster. Mehr Fahrspaß für weniger Geld? Ein Mythos war geboren.

Mit dem 356 Speedster hatte Porsche – mit diversen Motorvarianten – ein leichtes, agiles und im Rennsport erfolgreiches Modell geschaffen, das einen beträchtlichen Teil zum sportlichen Renommee der Marke beitrug. Und eigentlich konnte man sich fragen, warum es so lange dauerte, bis das Unternehmen das Speedster-Konzept auch über den Elfer stülpte. Schließlich war der Elfer im Laufe der Jahre immer schneller, luxuriöser und teurer geworden. Langsam mehrten sich die Stimmen, die nach einem einfacheren und preiswerteren Fahrzeug verlangten – beispielsweise im Stil des Speedsters, der von 1954 bis 1957 nicht nur für gute Verkaufszahlen, sondern auch für mehr Fahrspaß gesorgt hatte. Porsche hatte ja immer ein Gespür für die Stimmung bei den Händlern, und so begann man in Zuffenhausen, das Thema ernst zu nehmen.

Kaum war das Cabriolet fertig und in Produktion, startete man mit der Konstruktion eines wesentlich schlichteren Modells, das nur für Schönwetter-Länder geeignet sein sollte – sechs Wochen später war ein erstes Modell auf der Basis des 911 SC fertig, mit einer kleinen rahmenlosen Windschutzscheibe, die stärker geneigt war und so klein geriet, dass keine Scheibenwischer mehr Platz fanden. Das Ergebnis fand Anklang, doch der Vorstand beschloss, erst die Entwicklung des neuen 964 abzuwarten und das Speedster-Projekt auf der Basis des neuen Carrera 4 erneut anzugehen.

Was niemand ahnen konnte: Das Projekt 964 verspätete sich – dazu kam eine Dollar-Krise, die das US-Geschäft belastete. Die Lösung: rasch einen Speedster auf der Basis des bestehenden Carrera 2 zum Ende der Produktion des G-Modells bauen.

So überraschte Porsche 1987 auf der IAA mit einer ersten Studie mit einer Abdeckung über dem Beifahrersitz – diese Variante sollte allerdings nie zum Kauf angeboten werden. Bereits ein Jahr später konnte der Speedster bestellt werden, der nun mit den Kotflügelverbreiterungen des Turbo, aber ohne Heckspoiler angeboten wurde. Für den Export wurde der Speedster auch mit der schmalen Karosserie des Serien-Elfers gebaut.

Mit seinem dünnen Stoffdach und der großen Kunststoff-Heckklappe mit den beiden markanten Höckern besaß der Speedster sofort einen eigenen Freundeskreis. Da Porsche dabei war, ein neues Produktionswerk zu bauen, wurden die 1.943 „Turbo"-Speedster und die 161 „schmalen" Speedster noch von Hand als letzte Modelle im alten Werk gebaut – und natürlich waren sie auf Anhieb ausverkauft.

Der Erfolg des Speedster sorgte dann zum Modelljahr 1993 für einen neuen Speedster, der auf der Basis des 964 entstand. Hier gab es jedoch nur eine „schmale" Version, da der Vorstand den Wagen preisgünstiger als 964 Cabriolet anbieten wollte. Von ihm entstanden 930 Fahrzeuge, wobei es sich 15 Käufer nicht nehmen ließen, ihren Speedster im Werk gegen Aufpreis im Turbo-Look umbauen zu lassen.

Im Herbst 2010 feierte dann die dritte Speedster-Generation auf dem Pariser Autosalon auf der Basis des 997 Premiere, und die auf 356 Exemplare limitierte Auflage war nach drei Monaten ausverkauft – einmal mehr war der Mythos Speedster seinem Ruf gerecht geworden.

2011 brachte Porsche mit dem Typ 991 die siebte Generation des Elfers auf den Markt, und am 8. Juni 2018 überraschte die Marke anlässlich des Jubiläums „70 Jahre Porsche Sportwagen" wieder einmal mit einem Speedster. Hier leistete der 4-Liter-Boxermotor nun 510 PS, was dem auf 911 Exemplare limitierten Modell zu 310 km/h Höchstgeschwindigkeit verhalf. Der letzte gebaute 991 war übrigens auch ein Speedster.

Besonders leicht, besonders offen, besonders agil – die vier 911 Speedster-Generationen sind heute begehrte Sammlerstücke.

911 Carrera 3.2 „Speedster Studie“

Baujahr: 1988

Ein Cabriolet war nicht genug

Obwohl das 911 SC Cabriolet in den USA sehr gut angenommen wurde, stellten doch etliche Interessenten die Frage, ob man nicht eine noch offenere Variante des Cabriolets bestellen könne – im Stil des legendären Speedsters. Nun war man in Zuffenhausen für jede Anregung, die die Elfer-Stückzahlen anheben würde, dankbar und begann, sich über einen Speedster Gedanken zu machen. Gedanken, die sich erstmals mit der „Bott"-Studie in Realität manifestierten und die nach der positiven Rückmeldung auf der IAA in der ersten Elfer-Speedster-Serie mündeten. Vorbild dafür war diese seriennahe Studie, die Produktion begann 1988.

911 Carrera Speedster „Turbo-Look“

Baujahr: 1989

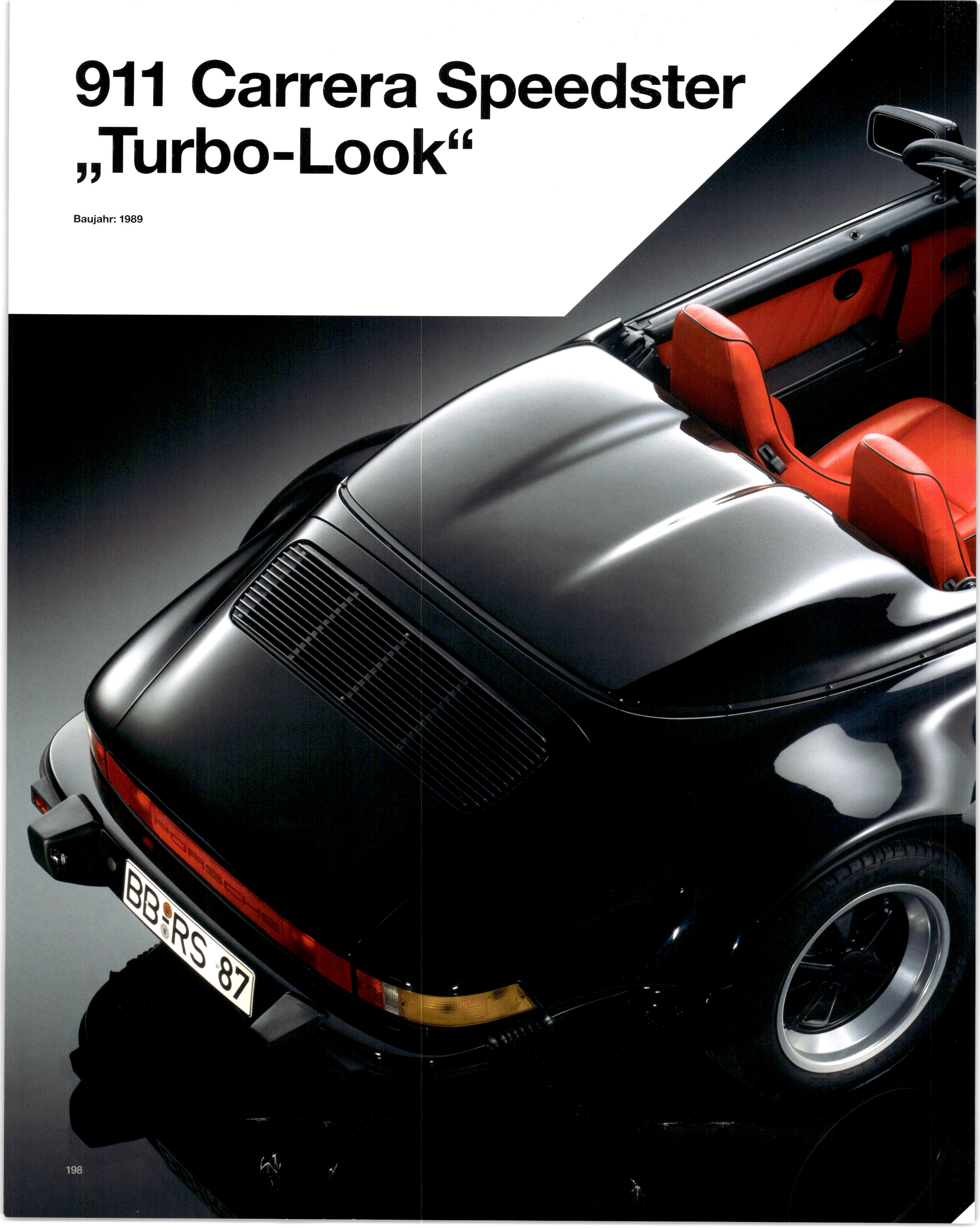

Das letzte G-Modell war ein Speedster

Im Herbst 1987 war Peter W. Schutz klar, dass sich die Produktion des neuen Typ 964 hinziehen würde, und er fragte bei einem Besuch in Weissach, ob es noch Neuigkeiten für die letzten Baujahre des G-Modells geben könnte. Einer der Vorschläge war, mit dem Bau des praktisch fertig entwickelten Speedsters nicht auf den neuen 964 zu warten, sondern ihn auf der Basis des G-Modells zu bauen. Es war eine gute Entscheidung, denn so konnte Porsche 1.943 Exemplare des Speedsters im Turbo-Look verkaufen, dazu kamen 161 Fahrzeuge im „schmalen" Look. Mit 170 kW (231 PS) Leistung erreichte der nur 1.290 Kilogramm schwere Speedster 245 km/h.

911 Carrera Speedster „Aerokit“

Baujahr: 1989

Sonderwünsche? Alles ist möglich

Natürlich konnte der Speedster niemals mit dem 3.3-Turbo-Triebwerk geliefert werden. Zwar hätten die Porsche-Techniker das sehr wahrscheinlich ermöglicht, doch wäre der Preis dafür ins Astronomische gestiegen. Wer jedoch den Front- und den Heckspoiler bestellen wollte, wurde auf Wunsch gerne bedient – der Name dafür: 911 Speedster Aeropaket.

Speedster
PORSCHE
BE·626000

911 Carrera Speedster / Serie 964

Baujahr: 1994

Radikal offen: 964 Speedster

Flache Frontscheibe, niedrige Seitenfenster und ein schlichtes Verdeck – das Speedster-Prinzip funktionierte auch 1993, als Porsche die zweite Speedster-Generation auf Basis des Carrera 2 mit 184 kW (250 PS) Leistung vorstellte. Die im Jahr 1994 gebauten Fahrzeuge verteilten sich auf 521 Fahrzeuge für Europa und 409 für die USA und Kanada. Vier Kunden bestellten im Werk die Turbo-Verbreiterungen.

911 Speedster / Serie 964

Baujahr: 2010

Nur 356 Exemplare: 997 Speedster

Als der Speedster auf der Basis des 997 im Herbst 2010 auf dem Pariser Autosalon Premiere feierte, waren sich die Betrachter einig: Er sah richtig gut aus. Die von Harm Lagaaij maskuliner gestaltete Heckpartie tat dem Elfer gut, und der mittlerweile auf 3,8 Liter Hubraum angewachsene Boxermotor mit stattlichen 300 kW (408 PS) verhalf der dritten Speedster-Generation zu 305 km/h Höchstgeschwindigkeit und einen Spurt in 4,6 Sekunden auf Tempo 100. Als Hommage an den alten 356 Speedster wurde die Stückzahl auf 356 Exemplare begrenzt, die in zwei Monaten ausverkauft und an würdige Käufer geliefert wurden.

911 Speedster / Serie 991

Baujahr: 2019

Der letzte 991 war ein Speedster

Mit dem 991 Speedster erinnerte sich Porsche einmal mehr daran, dass der Ur-Speedster eine auf den Rennstrecken erfolgreiche Fahrmaschine war. Dementsprechend war die auf 991 Exemplare limitierte Edition mit dem 375 kW (510 PS) starken 4-Liter-Sechszylinder des 911 GT3 ausgerüstet. Die Geschichte dieses Modells begann am 8. Juni 2018 anlässlich der Feier „70 Jahre Porsche Sportwagen" mit der Präsentation des Modells 911 Speedster Concept. Im Mai 2019 wurde eine kleine Serienproduktion angekündigt, die Fahrzeuge waren sofort vergriffen. Das 7-Gang-Schaltgetriebe sorgte für 310 km/h und 4,0 Sekunden für den Spurt auf 100 km/h.

959

Technik vom Allerfeinsten.
Anfang der 80er Jahre erlaubte ein neues Motorsport-Reglement nahezu unbegrenzte technologische Freiheiten. Die Bedingung für den Einsatz bei Rennen: Es mussten 200 Fahrzeuge gebaut werden. Natürlich ließ es sich die Dr. Ing. h.c. F. Porsche AG nicht nehmen, das Gruppe-B-Reglement aufmerksam zu studieren – die Antwort war der 959.

Die Techniker lieben ja solche großzügig interpretierbaren Vorschriften – kein Wunder, dass man sich gleich an ein neues Mittelmotor-Gefährt wagen wollte. Jedoch: Helmuth Bott – damals als Technik-Vorstand die oberste Instanz – bestand auf einer Evolutionsstufe des Elfers, wofür zwei Gründe sprachen: Einerseits sollte der Wagen eine möglichst große Ähnlichkeit mit den Fahrzeugen haben, die die Kunden tagtäglich bestellten, andererseits konnte sich der 959 als Technologieträger für die weitere Evolution des Elfers bewähren.

So entstand der 959 in einer wunderbaren Nische, die einerseits den Freiheitsgraden des Reglements und andererseits dem Aufkommen neuer Techniken zu verdanken war. Hier durfte der 959 in das große Füllhorn all der Möglichkeiten greifen, die sich am Horizont abzeichneten: So konnte man sich einen variablen Allradantrieb mit elektronisch geregelter Verteilung des Drehmoments auf Vorder- und Hinterachse und einen dramatisch überarbeiteten Sechszylinder mit vier obenliegende Nockenwellen und wassergekühlten Vierventil-Köpfen vorstellen. Glücklicherweise hatte hierfür bereits das Triebwerk des Porsche 935 „Moby Dick“ einige Vorarbeiten erledigt und Erkenntnisse bereitgestellt.

Beim Porsche 959 durften die Techniker in das große Füllhorn aller vorstellbaren Möglichkeiten greifen.

Ebenso dachte man an eine lastschaltbare Sperrdifferential-Lösung für die Hinterachse, an eine elektronisch geregelte Verteilung des Drehmoments auf Vorder- und Hinterachse sowie an das – bereits in Le Mans in Rennwagen erprobte – Luftdruckkontrollsystem samt den Felgen mit Hohlspeichen. Und natürlich sollte der 959 seine Kunden mit einer Klimaanlage, Lederausstattung und elektrisch verstellbaren Komfortsitzen verwöhnen – Alltagstauglichkeit und moderate Wartungsintervalle (etwa alle 20.000 Kilometer) waren auch erwünscht.

Das daraus resultierende Lastenheft beeindruckte alle Mitarbeitenden, was auch gerechtfertigt war, denn der 959 entpuppte sich im Laufe seiner Entwicklung als hochkomplexes Wesen, dass die Techniker und Ingenieure immer wieder vor Aufgaben stellte, für die noch keine Lösungen vorhanden waren. Da galt es, die gerade in der Jugendphase der Entwicklung befindliche Elektronik zu bändigen – was zu einer beachtlichen Zahl von Patenten führte. Parallel dazu entpuppten sich Motor und Getriebe als Produzenten von derart viel Hitze, dass sich die Frischluftversorgung als eines der großen Themen herauskristallisieren sollte. Und der japanische Reifenproduzent Bridgestone war in der Lage, für den 315 km/h schnellen 959 – der voll beladen immerhin knapp 1,8 Tonnen wog – die entsprechenden Pneus zu entwickeln. Bei diesen Leistungsdaten vermutet man auch, dass es lange dauern sollte, bis die an Le-Mans-Geschwindigkeiten gewöhnten Bremsen an die Fahrleistungen des 959 angepasst wurden.

Man ahnt, welchen Aufwand Porsche damals mit dem 959 trieb – und man kann sich auch vorstellen, dass es intern Stimmen gab, die die Entscheidung für den Bau des 959 bereuten. Meinungen, die sich verstärkten, als die immer leistungsstärkeren und nur noch von wenigen Könnern zu bändigen Gruppe-B-Rallye-Fahrzeuge 1986 in mehrere tödliche und schwere Unfälle verwickelt waren und so dafür sorgten dass die Gruppe-B-Fahrzeuge zumindest von den Läufen zur Rallye-WM verbannt wurden. Als dann die ersten 959 an ihre stolzen Besitzer ausgeliefert wurden, war der Sinn und Zweck dieser Tour de Force obsolet geworden – was dem Mythos dieses Wagens jedoch keinen Abbruch tat. Dafür trat der an das Reglement von Le Mans angepasste 959 mit der Typbezeichnung 961 als bislang erster Allradrennwagen an der Sarthe an und kam auf Rang 7 ins Ziel.

959 „Gruppe-B-Studie“

Baujahr: 1983

Die Welt war sprachlos

1983 präsentierte Porsche auf der IAA in Frankfurt den Prototyp des 959. Obwohl man noch nicht an eine Serienproduktion dachte, waren die 200 angedachten Fahrzeuge bereits nach zwei Wochen verkauft. Dabei hatte Porsche keinen Preis angegeben. Im ersten Prospekt, in dem dieser Prototyp abgebildet war, schrieb Porsche: „Der 959 erschließt eine bisher nicht gekannte Klasse in Fahrleistung und klarem sicheren Fahrverhalten. Er ist zugeschnitten auf den engagierten und versierten Kenner, der bei der Weiterentwicklung des Sportwagens mitsprechen will.“ Es sollte vier Jahre dauern, bis Porsche das Versprechen einlösen konnte.

Die Form entsprach bereits dem späteren Serien-959, doch an der Technik arbeiteten die Ingenieure noch Jahre.

959

Bauzeit: 1986–1987

Der Preis war doch zu niedrig

1985 hatte Porsche die ersten 37 Prototypen und Vorserien-Fahrzeuge fertiggestellt, aber es dauerte bis 1987, als die ersten 113 Über-Elfer zum Basispreis von 420.000 Mark ausgeliefert wurden. 1988 kamen dann noch 179 Exemplare dazu – davon 29 für den Export in die USA. Trotz des stolzen Preises verlor Porsche bei jedem verkauften Wagen ein paar 100.000 Mark – aber der PR-Wert des 317 km/h schnellen Technikwunders war unbezahlbar. 1992 baute Porsche dann aus nicht benötigten Ersatzteilen noch einmal acht weitere 959 auf, die ohne Werbung zum Preis von 747.500 Mark an Freunde des Hauses verteilt wurden. Der berühmteste Käufer war der Dirigent Herbert von Karajan.

911 / GT2 / GT3

Viele Jahre lang trugen die im Motorsport einsetzbaren Elfer-Varianten die Bezeichnung Carrera. Erst Mitte der 90er Jahre erschienen mit dem GT2 und dann mit dem GT3 Modelle, die in verschiedenen Leistungsstufen mit den Bezeichnungen RS und RSR geadelt wurden – und seitdem leistungsorientierte und gerne auch auf Rennstrecken anzufindende Käufer glücklich machen.

Nun ist es nicht so, dass die Buchstaben RS – „Renn Sport“ – erst bei dem legendären Carrera RS 2.7 zum Einsatz kamen. Im Oktober 1953 zeigte Porsche bereits auf dem Pariser Autosalon den 550 1500 RS Spyder Carrera – einen Rennwagen, der in den folgenden Jahren für viele Siege sorgen sollte. Mit dem Fuhrmann-Motor, der über vier obenliegende Nockenwellen verfügte, sorgten die Vierzylinder bis in die 60er Jahre mit dem Porsche 904 Carrera GTS für den stetig wachsenden Ruhm des noch jungen Herstellers.

1967 entwickelte Porsche auf der Basis des neuen Elfers eine besonders leistungsfähige Variante, den 911 R – R für Rennsport –, von dem aber nur 24 Exemplare gebaut wurden. So blieb es dem Carrera RS 2.7 vorbehalten, als Basismodell für den Motorsport zu dienen. Natürlich ließ Porsche es sich nicht nehmen, immer wieder RS-Varianten anzubieten. Eine Entwicklung, die mit dem 911 Carrera RS Clubsport der Baureihe 993 im Jahr 1998 erst einmal ein Ende fand. Denn nun folgte mit dem 996 der erste Elfer mit einem wassergekühlten Sechszylinder – eine Ära ging zu Ende.

Wie so oft ist auch in diesen Jahren ein Blick in die diversen Rennkategorien nötig, um die Evolution der Elfer-Sport- und Rennwagen zu verstehen. Anfang der 90er Jahre wurde die Teilnahme an der von der FIA ausgeschriebenen Sportwagen-WM zu teuer, und man führte die GT1- und GT2-Klassen ein – an denen Porsche ebenfalls erfolgreich teilnahm, die aber noch immer für den Breitensport zu teuer waren. Also begann man 1995 mit der Entwicklung einer GT3-Variante, die zwar nicht ganz so leistungsstark war, aber dafür in größeren Stückzahlen verkauft werden konnte.

Der erste Schritt war der im Dezember 1998 präsentierte 911 GT3, der als betont sportliche Straßenversion und als für die Rennstrecke ausgelegter 911 GT3 RS angeboten wurde. Für die Homologation mussten in zwei Jahren 1.400 Fahrzeuge gebaut werden, letztlich sollten es dann 1.868 Exemplare werden. Ein Muster, dem Porsche im Laufe der nächsten Jahre und Jahrzehnte stetig neue Modelle folgen ließ. Jährlich überholt und auf den neusten Stand gebracht, entwickelten sich die GT3-Modelle zu einem festen Bestandteil des Modellprogramms.

Bei der Baureihe 997 wuchs der Hubraum von 3,6 auf 3,8 und 4,0 Liter, nun standen 500 PS bereit. Und bei der Baureihe 991 kamen dann ebenfalls Triebwerke mit zuerst 3,8 und später 4,0 Litern Hubraum zum Einsatz, eine Tradition, die auch bei der neuesten Baureihe 992 mit einem 911 GT3 und einem GT3 RS fortgeführt wurde.

Der 911 GT3 – die Basis für den Motorsport, die aber auch im täglichen Einsatz viel Spaß machen kann.

Natürlich bietet Porsche bis heute auch reinrassige Derivate an, die bei den großen Rennen in Le Mans, am Nürburgring oder in Daytona an den Start gehen. Sie tragen die Bezeichnung 911 GT3 RSR.

Der Wunsch nach mehr Leistung ist fest in den Genen von Porsche verankert, und so wundert es auch nicht weiter, dass es bereits beim 993 ein leichtere und stärkere Turbo-Variante gab, die mit 430 PS und ohne Allradantrieb als Homologationsmodell für 172 mutige und finanzstarke Kunden zur Verfügung gestellt wurde. Und auch beim 996 kam ein GT2 mit bis zu 483 PS zum Einsatz. 2007 überlegte man dann, das Know-how des GT3 doch einmal auf den 911 Turbo zu übertragen – das Ergebnis war der 911 GT2 RS, das bislang letzte GT2-Modell. Mit einem manuellen 6-Gang-Getriebe und Hinterradantrieb entpuppte sich der 620 PS starke 911 GT2 RS als Fahrmaschine, die in den Händen von Könnern viel Fahrfreude bereitet. Auf 500 Exemplare limitiert, ist der GT2 RS heute ein gesuchtes Sammlerstück.

911 GT2 / Serie 993

Bauzeit: 1995–1998

23
PIRELLI
BBS

becker

911 GT2: Lust auf die Rennstrecke?

Porsche hatte ja stets ein Herz für die Kunden, die an Rennen teilnahmen, und so bot man für die Saison 1995 mit dem 911 GT2 das passende Gefährt für die BPR-Serie an. Da diese Fahrzeuge eine Straßenzulassung haben mussten, geriet der GT2 zu einer „Leichtbauversion des 911 Turbo mit ausgeprägt sportlichen Ambitionen“ – so Porsche. 316 kW (430 PS) und ein Leergewicht von nur noch 1.290 Kilogramm verhalfen zu 300 km/h Höchstgeschwindigkeit.

911 GT3 / Serie 996

Baujahr: 1998

Der erste mit Wasserkühlung

Die Weltpremiere fand im Rahmen des Formel-Laufs beim GP von San Marino statt. Der 996 GT3 Cup-Wagen hatte einen 3,6-Liter-Motor mit 265 kW (360 PS) Leistung und ein Leergewicht von 1.140 Kilogramm. Mit dem GT Cup begann 1998 die bis heute andauernde Porsche-Cup-Erfolgsstory, die zuerst unter dem Namen Porsche-Pirelli-Supercup international Fahrt aufnahm. Im deutschen Carrera Cup kam der Wagen mit 272 kW (370 PS) von 1999 an zum Einsatz.

GT2RS
911

911 GT2 RS / Serie 996

Bauzeit: 2001–2005

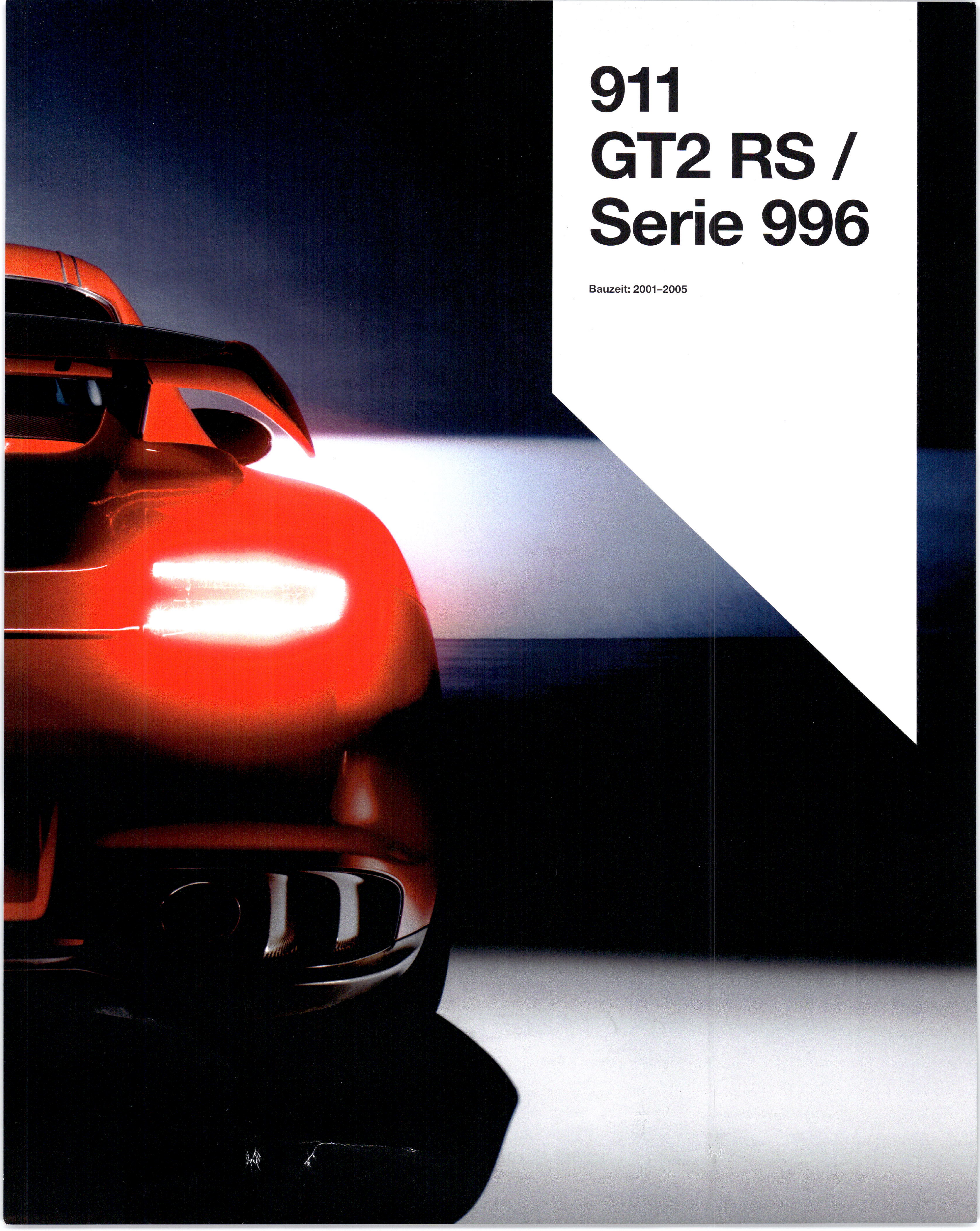

911

King of the Road

Der GT2 stammte direkt aus der Rennsportabteilung in Weissach, Porsche beschrieb den damals stärksten straßenzugelassenen Elfer als „Sprinter im Renndress“. Der Boxermotor lieferte nun aus 3,6 Litern Hubraum 331 kW (462 PS) und beschleunigte den GT2 auf 319 km/h. Von 2003 an stieg die Leistung auf 355 kW (483 PS) – die Stückzahlen des anfänglich 339.000 Mark teuren GT2 betrugen 962 und vom stärkeren Modell 325 Exemplare.

GT3RS

911 GT3 RS / Serie 996

Baujahr: 2003

RS

Für die Rennstrecke geeignet

Es ist immer wieder faszinierend, wie Porsche seine Modellreihen stets aufs Neue durchdekliniert – wie der sportliche GT3, der 1999 auf dem Genfer Autosalon mit 265 kW (360 PS) Weltpremiere feierte, dann 2004 mit dem GT3 RS ein auf 280 kW (381 PS) leistungsgesteigertes und leichteres Homologationspendant erhielt, von dem 634 Exemplare verkauft wurden und das wiederum als Basis für den nur für die Rennstrecke zugelassenen GT3 RSR diente, der 327 kW (445 PS) bereitstellte.

911 GT3 / Serie 997

Bauzeit: 2006–2011

„Die reine Lehre“

Mit diesem Slogan stellte Porsche im März 2006 auf dem Genfer Autosalon auf der Basis der 997-Baureihe die dritte GT3-Generation vor, die einmal mehr das Bindeglied zwischen Straßensportwagen und Rundstreckenfahrzeug darstellte. Der 3,6-Liter-Motor lieferte nun bei 7.600 U/min 305 kW (415 PS) und die Drehzahlgrenze lag bei 8.400 U/min. Erstmals kam bei diesem GT3 eine mittig angeordnete Doppelrohr-Auspuffanlage zum Einsatz. Zwei Jahre später standen dann 320 kW (435 PS) zur Verfügung.

S BM 4710

911 GT2 RS / Serie 991

Bauzeit: 2017–2018

GT2 RS: Premiere in Goodwood

Der GT2 RS war erstmals beim Festival of Speed in Goodwood im Juni 2017 zu sehen. Der stärkste Elfer aller Zeiten verfügte über einen 3,8-Liter-Biturbo-Motor mit 515 kW (700 PS) Leistung und bot mit seinen 1.470 Kilogramm Leergewicht 340 km/h. Der Spurt auf 100 km/h war in 2,8 Sekunden möglich. Gegen Aufpreis bot das „Weissach"-Paket noch weitere 30 Kilogramm Gewichtserleichterung. Die rund 1.000 Exemplare waren rasch ausverkauft, so wie auch die auf 200 Fahrzeuge limitierte GT2-RS-Clubsport-Variante, die ohne Straßenzulassung nur für die Rennstrecke geeignet ist.

GT2RS

911 GT3 RS / Serie 992

Bauzeit: 2022 bis heute

Der höchste aller Heckspoiler

Im August 2022 zeigte Porsche erstmals den neuen GT3 RS auf der Basis des 992. Der 386 kW (525 PS) starke RS hatte zwar noch eine Straßenzulassung, war jedoch mehr denn je auf die Rennstrecke ausgerichtet: Mit einem vom Lenkrad aus verstellbaren deutlich größeren Heckspoiler und einem vom Lenkrad aus verstellbaren Fahrwerk sowie weiteren Modifikationen erreichte der GT3 RS den dreifachen Abtrieb des GT3. Und erstmals bei einem straßenzugelassenen Porsche überragte der Heckspoiler die Karosserie um 4 Zentimeter.

911 / One-Off-Modelle

Ein runder Geburtstag ist immer ein wunderbarer Anlass, den Jubilar mit einem ganz besonderen Geschenk zu beglücken – und wie wäre es mit einem einzigartigen Porsche-911-Modell? Einem Unikat? Das hat es tatsächlich ein paar Mal gegeben, allerdings waren die Modelle nur für runde Geburtstage von Luise Piëch und Ferry Porsche gedacht.

914-Achtzylinder (Ferdinand Piëch ließ sich ebenfalls einen 914 mit einem allerdings 300 PS starken 908-Triebwerk bauen) trugen die offizielle Bezeichnung 914 S.

1984 gab es dann einen viertürigen 928 als Geschenk. Ursprünglich sollte Design-Chef Anatole Lapine diese Variante mit dem Gedanken an eine eventuelle Serienproduktion entwerfen, die allerdings verworfen wurde. Dafür bekam Ferry Porsche den Viertürer mit der Typbezeichnung 942 – natürlich in seiner Lieblingsfarbe Dunkelgrünmetallic lackiert. Für den Vortrieb sorgte der 310 PS starke Achtzylinder des 928 S.

Auf Basis des Elfers gab es zwei Geburtstagsgeschenke. Nachdem Porsche auf der IAA 1973 die mit Begeisterung aufgenommene Studie zum 911 RSR Turbo vorgestellt hatte, erhielt Luise Piëch am 29. August 1974 zu ihrem 70. Geburtstag den ersten gebauten Serien-Turbo als Geschenk.

Außen war der Turbo „Nummer 1" in silberner Farbe lackiert – innen sorgten rotes Leder und roter Stoff im Schottenkaromuster für ein elegantes Ambiente. Über dem Triebwerk thronte ein großer Heckspoiler – darunter sorgte der Schriftzug „Carrera" für perfektes Understatement.

Das nächste Elfer-Unikat überreichte der Vorstand Ferry Porsche am 19. September 1989 zu dessen 80. Geburtstag. Der Name der verwegen aussehenden Studie: Panamericana. Wenige Tage zuvor hatte die Studie, die unter von dem Design-Chef Harm Lagaaij gezeichnet wurde, auf der IAA Premiere gefeiert. Auf der Basis des Carrera 4 hatte Lagaaij einen zweisitzigen Roadster konzipiert, der trotz seiner extrovertierten Form straßentauglich war und zugelassen werden konnte. Das futuristische Design, vor allem das Konzept der horizontalen Dachstruktur, sollte die weitere Entwicklung des Porsche 993 und des Porsche Boxster mit beeinflussen.

Im Laufe der Jahre wurde es zu einer schönen Tradition, dass Ferry Porsche zu einem runden Geburtstag von der Belegschaft einen ganz besonderen Porsche geschenkt bekam – Modelle, die zumeist sehr speziell waren und nach ein paar Jahren, in denen sie mehr oder weniger intensiv benutzt wurden, ins Porsche-Museum wanderten, wo sie heute bewundert und bestaunt werden. Und einmal erhielt auch Luise Piëch einen ganz besonderen Wagen geschenkt, der sogar eine Elfer-Dynastie einläuten sollte: Es handelte sich dabei um den ersten 911 Turbo, der von ihr gerne und mit Verve bewegt wurde.

Doch wenden wir uns zunächst Ferry Porsche zu. Die Tradition der Unikat-Geburtstagsgeschenke eröffnete 1969 ein ganz besonderer Porsche 914/6. Der eben auf den Markt gekommene VW-Porsche war zwar mit seinem 2-Liter-Boxermotor und 110 PS Leistung ganz ordentlich motorisiert, doch für den Jubilar wurde einer der im Rennsport erprobten 3-Liter-Achtzylinder-Boxermotoren des Porsche 908 montiert. Zwar etwas zivilisiert, aber mit 260 PS geriet der ohne Kotflügelverbreiterungen sehr zivil aussehende 914 S (Fahrgestell-Nummer 914-006) doch zu einem sehr temperamentvollen 914: 262 km/h waren möglich. Die Bezeichnung 914 S ist übrigens korrekt – die beiden

Zu runden Geburtstagen verschenkte die Belegschaft hin und wieder Unikate, die heute alle im Porsche-Museum zu sehen sind.

Allerdings stimmte das Modell nicht ganz mit der Serien-Version überein: Noch hatte der Wagen die „schmale" Karosserie des 911 Carrera und zudem verfügte der Motor noch über 2,7 Liter Hubraum und stellte 240 PS zur Verfügung. 240 PS, die für 250 km/h Höchstgeschwindigkeit sorgten, damit war man damals unbestritten der König der Autobahn.

Porsche Exclusive

Baujahr: 1984

Seiner Zeit um Jahre voraus

Anfang der 80er Jahre begann Porsche damit, Technik und Design zu vernetzen. Reinhold Schreiber und Tilman Brodbeck übernahmen diese Aufgabe, und ihre erste Idee war, dem noch konservativ geprägten Unternehmen mit einem Unikat zu Aufmerksamkeit zu verhelfen. Dafür wurde ein 911 Carrera 3,2 Coupé vom Band genommen und die grundierte Karosserie zu einem Lackierer im nahe gelegenen Bietigheim gebracht. Dieser verhalf der dunkelblauen-metallic Lackierung mit türkis-metallic farbenen Verläufen zu einer ungewohnten Optik – mit der türkisfarbenen Innenausstattung war ein Eye-Catcher geboren, der auf den Straßen für Aufsehen sorgte. Bei Porsche interessierte sich jedoch niemand für diese Idee – heute steht das Unikat in einer Sammlung in den USA.

911 Turbo 2.7

Baujahr: 1974

Ein Unikat für Louise Piëch

Es ist fraglich, ob die Firma Porsche ohne Louise Piëch zu der heutigen Größe und Bedeutung gewachsen wäre – die Tochter von Ferdinand Porsche und Schwester von Ferry Porsche hatte das Unternehmen nach dem Zweiten Weltkrieg erfolgreich am Leben gehalten und mit Porsche Salzburg den Verkauf und Vertrieb der VW-Produkte bestens organisiert. Kein Wunder, dass Louise Piëch zu ihrem 70. Geburtstag den 911 Turbo „Nummer 1“ geschenkt bekam – er hatte noch einen 2,7-Liter-Motor mit 177 kW (240 PS) Leistung.

Äußerlich sehr unscheinbar – der Turbo „Nummer 1“ besaß noch die schmale Karosserie des G-Modells, die Turbo-typischen Kotflügelverbreiterungen fehlten.

Auf Wunsch von Louise Piëch wurden die Sitze mit kariertem Stoff bezogen, der Rest war in rotes Leder gehüllt (o.).
Die Plakette liefert den Beweis: Dies ist der Porsche 911 Turbo „Nummer 1“ (u.).

911 Turbo Cabriolet / Serie 996 „Carlo Rampazzi“

Baujahr: 2004

„the most personal car“

Natürlich kann man sich bei Porsche nahezu jeden Wunsch – sofern gesetzeskonform – erfüllen lassen. Der italienische Möbeldesigner und Architekt Carlo Rampazzi ließ sich 2004 sein 911 Turbo Cabriolet (996) vollständig in Orange – außen wie im Interieur in der identischen Farbe – individualisieren. Auslöser dafür war die 2004 gegründete Porsche-Initiative „the most personal car“. Als Vorlage lieferte Carlo Rampazzi einen Porzellanteller in seiner Lieblingsfarbe nach Zuffenhausen. Ein Farbmuster, das nicht einmal allzu außergewöhnlich war. So wurde den Exclusive-Beratern etwa auch schon mal die lackierte Blende einer Küchentür als Referenz übergeben. Der Fantasie der Kunden sind bis heute bei der Farbauswahl kaum Grenzen gesetzt.

911 Jubiläumsmodell 1.000.000 Exemplare

Baujahr: 2017

Den gibt es nur einmal

Wie feiert man den einmillionsten gebauten Porsche 911? Indem man einen serienmäßigen 991 liebevoll mit den Optionen ausstattet, die der Marke, dem Modell und der Historie gerecht werden: äußerlich in dem Irischgrün lackiert, dass Ferry Porsche so schätzte, und im Innenraum die Sitze mit Stoff in dem klassischen Pepita-Muster bezogen, das seit den ersten Elfern Kult ist. Die Kraft des leistungsgesteigerten Motors mit 331 kW (450 PS) wird mit einem handgeschaltetem 7-Gang-Getriebe auf die Straße gebracht, und ein etwas kerniger klingender Sportauspuff gehört ebenfalls dazu. Es sollte bei dem Unikat, das heute im Porsche-Museum steht, bleiben.

Der Aufpreis für die 1.000.000-Sonderausstattung hätte 122.000 Euro betragen, wenn man das Unikat hätte bestellen können.

911 Nr. 1000000

911 / Editionen und Sonderserien

Wenn man einmal von den diversen Homologationsmodellen absieht, die Porsche auf die Räder stellen musste, um am Motorsport teilnehmen zu können, begann man in Zuffenhausen erst sehr spät, sich für Sonderserien zu interessieren. Diese ließen sich in streng limitierten Stückzahlen – gerne handelte es sich dabei um 356 oder 911 Exemplare – praktisch ohne Werbung blendend verkaufen.

Natürlich kann man auch den 911 Carrera RS 2.7 oder Carrera RS 3.0 zu den limitierten Sonderserien zählen, doch die mindestens 500 zu bauenden Fahrzeuge (RS 2.7) und die 100 Exemplare (RS 3.0) wurden wegen der Vorschriften der Fédération Internationale de l'Automobile (FIA) gebaut – ohne sie hätte Porsche nicht auf den Rennstrecken an den Start gehen dürfen. Heute wundert man sich, dass Porsche stets größte Bedenken hatte, ob sich die geforderten Stückzahlen auch tatsächlich verkaufen ließen. Dass diese Fahrzeuge – wie auch der 911 SC/RS oder der 911 Turbo S Leichtbau – dann stets problemlos verkauft werden konnten, hatte niemand erwartet.

Es ist ja bekannt, dass es Porsche in den 80er und 90er Jahren finanziell nicht gut ging, und so kam der Gedanke, 1993 den 30. Geburtstag des Elfers zu feiern. Die Stückzahl betrug 911 Exemplare. Sie wurden auf Basis des Carrera 4 mit Turbo-Verbreiterungen und Sonderlackierungen gebaut und ohne Probleme verkauft.

Die Jahrtausendwende war dann ein guter Anlass, auf Basis des Carrera 4/996 ein ebenfalls auf 911 Fahrzeuge limitiertes Sondermodell anzubieten. Mit der Sonderlackierung Violettchromaflair gab es nicht nur eine Volllederausstattung in Zimtbraun und reichlich Ahorn-Wurzelholz, sondern auch einen tiefen Griff in die sonst aufpreispflichtige Zubehörliste. Der rasche Verkauf überzeugte Porsche, nun öfter Sonderserien anzubieten.

Bereits drei Jahre später entstand zum 40-jährigen Geburtstag des 911 das Jubiläumsmodell „40 Jahre 911" auf Basis des 996 Carrera, der mit einer Leistungssteigerung auf 254 kW (345 PS) in 1963 Exemplaren weltweit verkauft wurde. Äußerlich war das Modell an dem silbergrauen Sonderlack zu erkennen, der sonst nur beim Carrera GT zum Einsatz kam.

Der 911 „Sport Classic", den Porsche 2009 auf der IAA in einer limitierten Auflage von 250 Exemplaren präsentierte, zeigte sich dafür in mausgrau und mit dem vom Carrera RS 2.7 vertrauten Heckspoiler. Der 300 kW (408 PS) starke „Sport Classic" war innerhalb von 48 Stunden ausverkauft. Ebenso das im April 2022 auf 1250 Exemplare limitierte Sondermodell „Sport Classic", das mit dem „Entenbürzel"-Heckspoiler ausgerüstet war. Technisch basierte dieses Sondermodell auf den Turbo-Modellen mit 405 kW (550 PS) Leistung, hatte aber ein 7-Gang-Schaltgetriebe und Hinterradantrieb.

Zu den seltensten Modellen dürfte der Turbo S „Edition 918 Sypder" gehören, für deren Erwerb man einen Porsche 918 Spyder besitzen musste. Die gebaute Stückzahl ist nicht bekannt, dürfte aber weit unter den 918 gebauten 918-Spyder-Modellen liegen. Mit 1963 Fahrzeugen feierte Porsche dann „50 Jahre 911" – dafür baute man den Carrera S (auf Wunsch mit mehr PS) mit einer Turbo-Karosserie, und der Kunde konnte zwischen den Farben Geysirgraumetallic, Graphitgrau und Schwarz wählen.

Mit dem 911 R und dem 911 S/T erinnerte Porsche an ehemalige, in kleinsten Serien für den Motorsport gebaute Rennwagen, die in Windeseile mit 911 (911 R) und 1963 Exemplaren (911 S/T) an den Mann und zuweilen auch an die Frau gebracht wurden.

Auf der Los Angeles Motor Show zeigte Porsche dann im November 2022 den „Dakar", der – in Erinnerung an den Sieg bei der Rallye Dakar 1984 – mit mehr Bodenfreiheit und grobstolligen Reifen ausgestattet wurde. Der 992-Gelände-Elfer basierte auf dem Carrera 4 mit dem 3-Liter-Biturbo-Sechszylinder und 353 kW (480 PS) Leistung. Wie nicht anders zu erwarten, musste Porsche letztlich 2.500 Exemplare bauen – deutlich mehr als ursprünglich geplant. Dass der „Dakar" wegen der Geländereifen bei 240 km/h elektronisch eingebremst wird, störte niemanden.

Heute gehören Sonderserien zu den Marketing-Tools, mit denen die Firma – gerne am Ende einer Modellreihe – noch einmal mit einem gesicherten Verkaufsschub und entsprechendem Umsatz rechnen darf.

Egal ob 356, 911 oder 2.500 Exemplare – limitierte Sonderserien mit mehr Leistung und optischer Extravaganz finden immer ihre Käufer.

30 Jahre 911

Baujahr: 1993

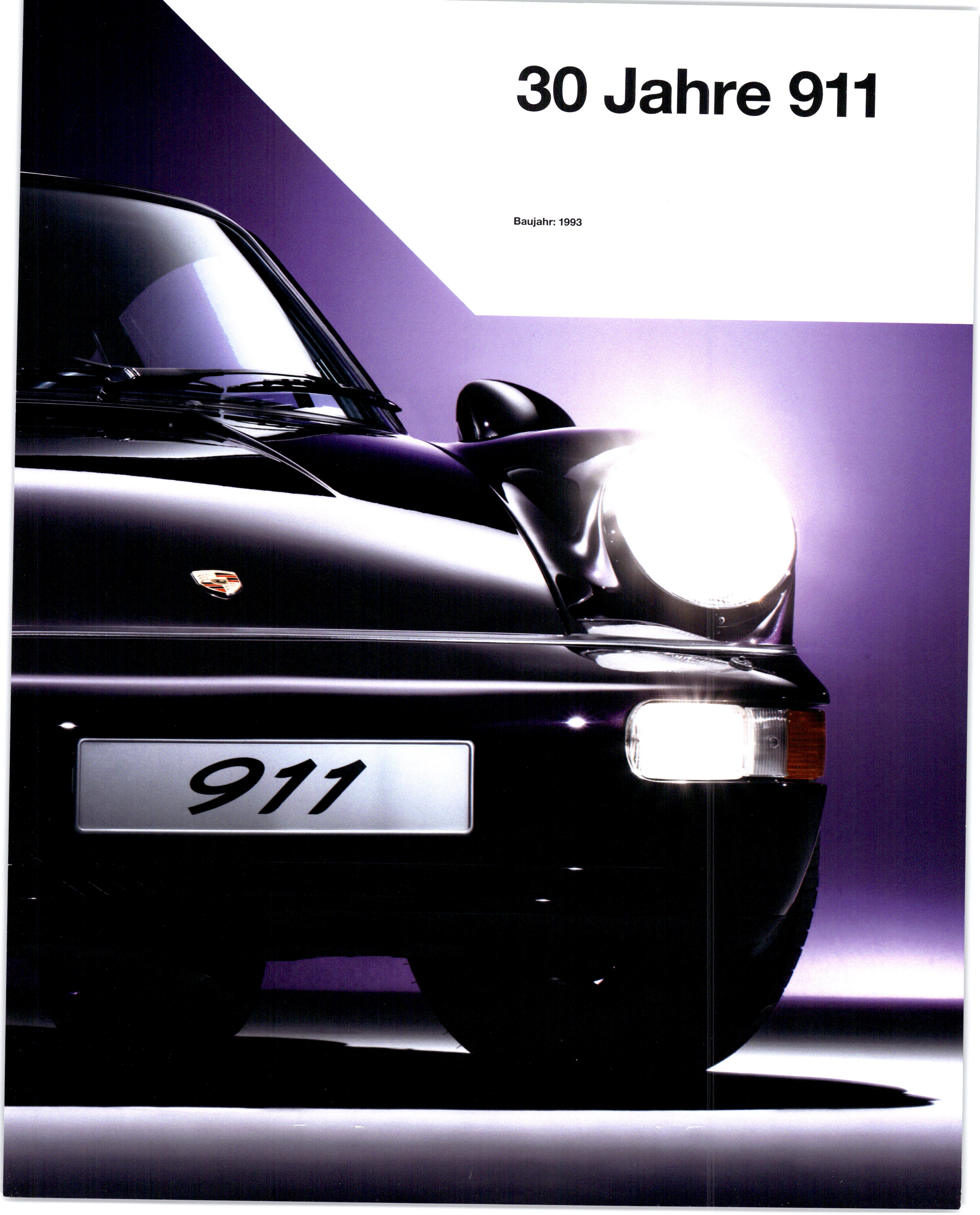

911
30 Jahre

Das erste Sondermodell

Exakt 911 Exemplare entstanden 1993 auf der Basis des 964 als Jubiläumsmodell „30 Jahre 911“. Sie zeichneten sich durch eine besonders reichhaltige und zum Teil einmalige Ausstattung gegenüber den Serienmodellen aus. Die Technik basierte auf der Carrera-4-Variante mit der breiten Coupé-Karosserie des Turbo-Modells mit dem 184 kW (250 PS) starken Sechszylinder. Der große Heckspoiler entfiel zugunsten des ausfahrbaren Spoilers des Basismodells. Grundsätzlich gab es das Modell nur in drei Lackierungen. Viola-Metallic war die Exklusivfarbe für den deutschen Markt. In dieser Farbe wurden die meisten Sondermodelle ausgeführt. Darüber hinaus gab es als Serienfarben noch Amethyst-Metallic und Polar-Silber-Metallic.

911 Millenium / Serie 996

Baujahr: 2000

Die Luft hatte nun ausgedient

Unter der neu gezeichneten Heckhaube lag nun ein wassergekühlter Sechszylinder-Boxermotor mit vier obenliegenden Nockenwellen – nach 34 Jahren mit Luftkühlung mussten die Elfer-Fahrer umdenken. Doch das neue Triebwerk überzeugte rasch: 221 kW (300 PS) halfen dabei sicherlich. Die Frontpartie der ansonsten aerodynamisch vorbildlich geglätteten Karosserie – der Cw-Wert sank von 0,34 auf 0,30 – besaß neue Scheinwerfer, die auch beim neuen Boxster zum Einsatz kamen. Zu Recht stolz war Porsche auf die Tatsache, dass die Torsionssteifigkeit der Karosserie um weitere 50 Prozent gestiegen war.

Nun hatte sich der ausfahrende Heckspoiler durchgesetzt. Er ist bis heute fester Bestandteil der Elfer-Baureihen.

Immer eleganter, immer komfortabler, immer edler und nun auch mit Navigationssystem – trotz vieler Komfort- und Sicherheitsextras wie Fahrer- und Beifahrerairbag, Servolenkung und Servobremse mit ABS blieb das Leergewicht – je nach Modell – bei zwischen 1.320 und 1.495 Kilogramm.

911 Sport Classic / Serie 997

Baujahr: 2009

Jetzt wieder mit Entenbürzel

2009 überraschte Porsche auf der IAA in Frankfurt mit dem 911 Sport Classic, von dem nur 250 Exemplare gebaut und an die Kunden verteilt werden sollten. Optisch erstaunte der fest montierte „Entenbürzel" – jener zuerst im legendären 1973 präsentierten Carrera RS 2.7 montierte Heckspoiler, dazu hatte das Dach im Vergleich zum konventionellen Modell eine Wölbung erhalten. Unter der Motorhaube lag der 3,8-Liter-Sechszylinder, damit wuchs die Leistung durch eine neu entwickelte Resonanzansauganlage um 17 kW (23 PS) auf 300 kW (408 PS), die mit einem manuell zu schaltenden 6-Gang-Getriebe an die Hinterräder geleitet wurden. Die Überraschung lohnte sich: Die 250 Exemplare waren nach 48 Stunden verkauft.

911 GT3 RS 4.0

Bauzeit: 2011–2012

Ein Abschied mit 4 Litern Hubraum

Wieder einmal beschenkte Porsche seine stets leistungsorientierten Kunden am Ende einer Baureihe mit einem besonderen Modell: Die letzten 600 Exemplare des 997 erhielten einen auf exakt 4 Liter Hubraum vergrößerten Motor mit 368 kW (500 PS). Möglich war das dank der Kurbelwelle des GT3 RSR, Titan-Pleueln und einem um 8 Kilogramm leichteren Einmassen-Schwungrad. Das 6-Gang-Schaltgetriebe beschleunigte den 1.360 Kilogramm schweren RS 4.0 in 3,9 Sekunden auf Tempo 100 – die Höchstgeschwindigkeit: 310 km/h.

RS 4.0
D
S NE 997
04
09
www.porsche.de/Werkswagen

911 R / Serie 991

Baujahr: 2016

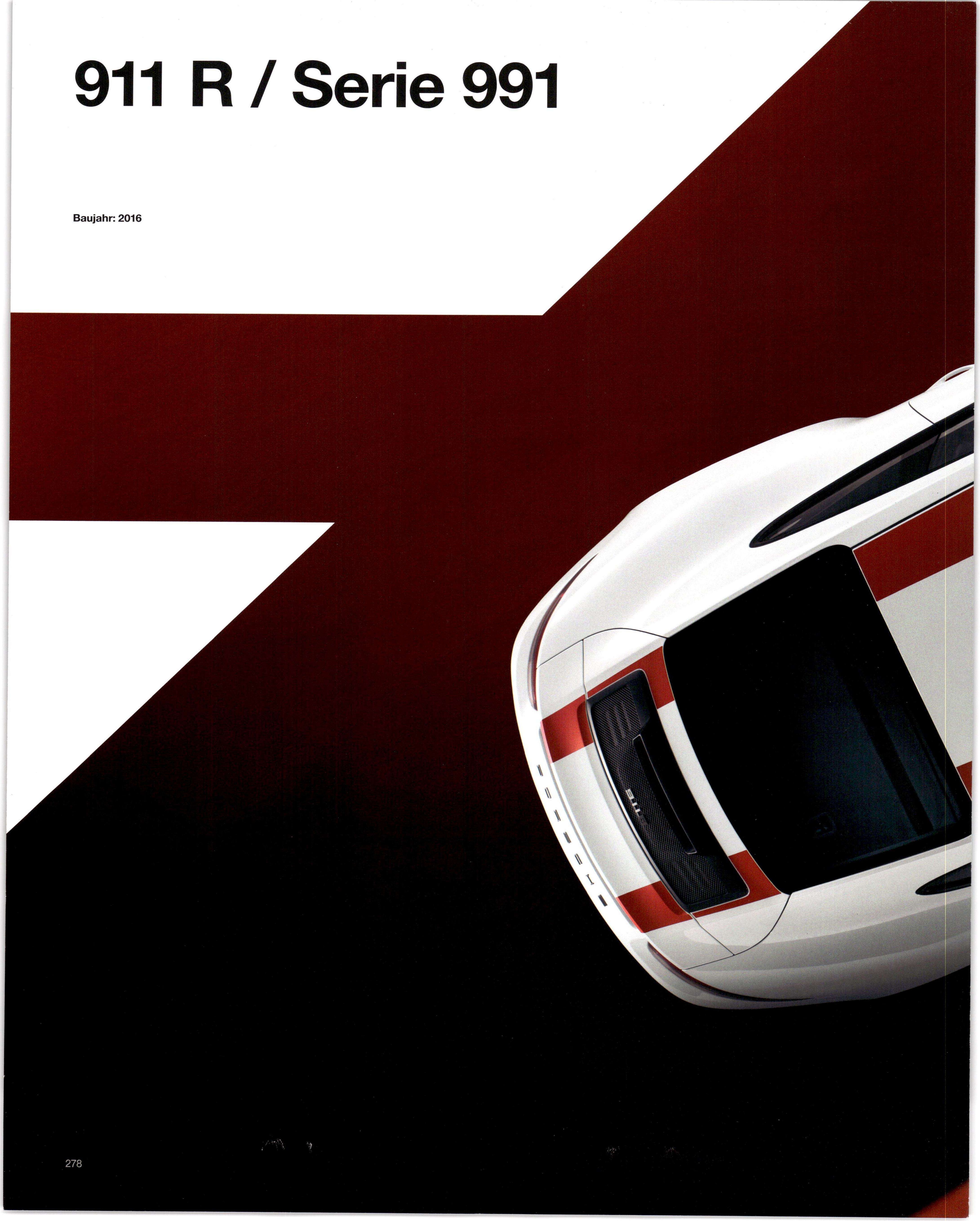

PORSCHE

Endlich wieder ein 911 R

1967 hatte der 911 R bei der Targa Florio sein Potenzial gezeigt und in Monza Geschwindigkeitsrekorde erzielt. 2016 zeigte Porsche dann in Genf den neuen auf 911 Exemplare limitierten 911 R, der bereits vor Baubeginn ausverkauft war. Die glücklichen Besitzer erhielten einen GT3 RS ohne große Spoiler und mit einer Hinterachslenkung, dessen 4-Liter-Triebwerk 368 kW (500 PS) zur Verfügung stellte. Fronthaube und Kotflügel bestanden aus Karbon, das Dach aus Magnesium und das Heckfenster und die Fondseitenscheiben aus leichtem Kunststoff. Die roten oder grünen Streifen erinnerten an das große Vorbild von 1967.

911 Turbo S Exclusive / Serie 991

Baujahr: 2017

Limited Edition in Goldgelbmetallic

2017 präsentierte Porsche mit dem Turbo S Exclusive die damals stärkste Turbo-Version mit 446 kW (607 PS) Leistung; das Modell war auf 500 Exemplare limitiert. Mit einer Beschleunigung in 9,6 Sekunden auf Tempo 200 und 330 km/h Höchstgeschwindigkeit überzeugte der Turbo S auf der Straße. Optisch erregte die Lackierung in Goldgelbmetallic Aufmerksamkeit. Und natürlich war auch das Interieur speziell: Perforierte Lederbezüge, deren darunterliegende Schicht in zwei Streifen in Goldgelb ausgeführt war, sorgten für ein besonderes Innenleben.

turbo S

PORSCHE
911 turbo S
S GO 4607

911 Dakar / Serie 992

Bauzeit: 2023–2024

Ab in die Wüste

Die Rallye Dakar war von Anfang an eines der großen Abenteuer dieser Welt – und Porsche gewann sie 1984 mit dem 911 Carrera 3.3 4x4 Paris-Dakar (953). Mit dem neuen 911 Dakar schuf Porsche einen würdigen Nachfolger, egal ob auf Asphalt, Schotter oder Sand: Die steiferen Aggregatelager des 911 GT3 erhöhen vor allem im Geländeeinsatz die fahrdynamische Performance des 911 Dakar. Zusammen mit der Hinterachslenkung und der aktiven Wankstabilisierung PDCC ergibt sich ein optimal abgestimmtes Fahrwerkspaket, das auch schwierigste Rallye-Passagen sicher und komfortabel meistert. Angetrieben wird der 911 Dakar von 353 kW (480 PS) und dem 8-Gang-Porsche-Doppelkupplungsgetriebe (PDK), das die Kraft auf alle vier Räder überträgt. 2.500 Exemplare wurden vom 911 Dakar gebaut – wie üblich waren sie sofort ausverkauft.

Der Dakar ist der einzige Elfer, der im Vergleich zum 911 mit Sportfahrwerk um 50 Millimeter höher gelegt ist. Sollte es auf Schotterpisten trotzdem knapp werden, kann er bis zu einer Geschwindigkeit von 150 km/h vorn und hinten um weitere 30 Millimeter angehoben werden. Der Dachgepäckträger kostete Aufpreis.

S 09119

911 Turbo 50 Jahre / Serie 992

Bauzeit: 2024–2025

Jubiläen müssen gefeiert werden

50 Jahre nach der Präsentation des ersten 930 Turbo ließ es sich Porsche nicht nehmen, die Turbo-Fahrer mit einer Sonderedition zu beglücken. Als Ort des Geschehens wählte Porsche im August 2024 die Monterey Car Week, wo das Modell auf der Basis des 478 kW (650 PS) starken Turbo S viel Anklang fand. Äußerlich zeichnet sich der „Turbo 50 Jahre“ durch neue Felgen und diverse Schriftzüge aus, während im Interieur die Sitzbezüge und Türinnenverkleidungen in Anlehnung an die erste Turbo-Baureihe mit Stoffen aus Schottenkaro bezogen wurden. 50 Jahre nach dem Typ 930 lieferte Porsche exakt 1.974 Exemplare des Jubiläumsmodells aus. Und natürlich gab es auch eine Jubiläumsuhr – gegen Aufpreis.

Natürlich erhielt das Turbo-Jubiläumsmodell auch eigene neu gestaltete Felgen, die – in Brillantsilber und Weiß lackiert – an die klassischen Fuchs-Felgen erinnern.

S CI 911

911

Making of

Automobile fotografieren ist wie kochen, man kann es schnell und schlampig tun oder ganz ausführlich. Oder um ins Detail zu gehen, man kann von Tiefkühlkost bis zum frischen Marktprodukt alles verwenden. Aber die Zubereitung macht's, und oft ist der Aufwand größer als der Erfolg.

Oft denke ich zurück an meine Mutter, die sogar Spinat noch gekocht und püriert hat. Heute kauft man den Spinat aus dem Tiefkühlfach, und der schmeckt genauso. Also überall lohnt sich der handgemachte Aufwand nicht, weshalb wir in der Studiofotografie hauptsächlich folgende Schwerpunkte setzen:

Zunächst die Idee, wie fotografiere ich das jeweilige Objekt der Begierde. Und da hilft ein gewisser Sachverstand und ein ausgeprägtes Gefühl für das jeweilige Motiv. Lässt sich aber auch leicht erlernen, indem man einfach immer wieder viele Bilder anschaut und sich eine Meinung bildet, welcher Winkel passt zu welchem Automodell.

Dann ist da das Licht, und das ist das große Rätsel. Welches Licht? Wie gehe ich damit um? Und vor allem wie viel davon? Und da hilft uns in Leonberg meine Erfindung von 1983, nämlich Magic Flash. Ein Lichtsystem basierend auf der Flächenlichttechnologie, die nun immerhin seit 1983 die Konturen der Blechschönheiten ganz besonders betont. Und da ist oft das Thema „Weglassen ist mehr“ angesagt. Wenn man dieses Buch durchblättert, wird man feststellen, dass manchmal gar nicht jedes Detail an einem Auto im gleißenden Licht brillieren muss, manchmal reichen die besonderen Konturen, manchmal sogar nur ein paar prägende Kanten.

Und dann das Thema Kamera, da kommt es wirklich nur auf die Qualität an. Über die vielen Jahre – allein in diesem Buch sind Bilder aus vier Jahrzehnten – kommt es immer auf das bestmögliche Speichermedium an, und bestmöglich ist meistens nicht das billigste, aber auch nicht unbedingt das teuerste. Entscheidend ist meist die Kombination aus Kamera, Rückteil, früher welchem Film, heute dem Chip und den Objektiven. Die machen den größten Unterschied, denn da hat uns die technische Entwicklung doch sehr viel weitergeholfen. Heute steckt in einer Handy-Kamera oft die Qualität einer früheren Mittelformat-Kamera. Die Großformat-Kameras, die wir aus den 70er, 80er, 90er Jahren noch kennen, sind bis heute auch nur durch die ganz professionellen Vollformat-Chips zu ersetzen, sprich 100 Megapixel ist die Benchmark.

Ja, und dann kommt Photoshop ins Spiel. Aber nur bei wenigen der hier vorliegenden Motive. Denn Photoshop macht die Sache nicht besser, sie macht nur manche Dinge etwas einfacher. Zum Beispiel wenn die Farbe eines Hintergrunds so überhaupt nicht passt, dann wird das nach dem Shooting im Handumdrehen umgefärbt. Oder wenn die Räder nicht gerade stehen und unschön ein Porsche-Emblem auf dem Kopf steht. Das macht Photoshop. Und natürlich kleine Reparaturarbeiten wie Nachlässigkeiten beim Putzen oder vielleicht ein kleiner Öl- oder Wassertropfen während der Belichtung, da ist Photoshop ein Segen.

Und die KI ist auch im Spiel, noch nicht sehr lange, aber bei ganz wenigen Motiven in meiner täglichen Routine, jedoch nicht hier in diesem Buch. Die KI kennt die Details der Fahrzeuge ja gar nicht so genau, schon gar nicht bei den individuell kuratierten Fahrzeugen und den Einzelstücken. Bilder mithilfe von KI funktionieren vielleicht bei einer Nivea-Dose oder bei einer Milchpackung, aber bei einem so filigranen Objekt wie einem Porsche eben nicht. Da braucht die KI vermutlich noch lange, um die ganze Schönheit zu erlernen und dann in 3D wiederzugeben.

Und dann ist da das Licht, und das ist das große Rätsel. Welches Licht? Wie gehe ich damit um?

Das MagicFlash-Großflächenblitzlichtsystem veränderte die Automobilfotografie. Nein, es ermöglichte sie erst in dieser Dimension im Studio.

STAUD STUDIOS STAUD STUDIOS STAUD STUDIOS
PORSCHE

Car-Enthusiasten aus aller Welt zu Besuch im Studio: Magnus Walker, der „Urban Outlaw“.

Die Leonberger Studios sind „Workspace" und „Creativ Place", Ideen entstehen in inspirierender Atmosphäre.

 Teambild mit Legenden: 911 R von 1967, 911 R von 2017, 911 2.7 von 1974

in der Penguin Random House Verlagsgruppe GmbH
Neumarkter Straße 28 · 81673 München

produktsicherheit@penguinrandomhouse.de
(Vorstehende Angaben sind zugleich Pflichtinformationen nach GPSR)

1. Auflage 2025

Projektleitung Verlag: Curt Holtz
Lektorat: Sandra Leitte
Gestaltung: Jörg Weusthoff, Weusthoff & Reiche Design
Herstellung: Corinna Pickart
Lithografie: Weusthoff & Reiche Design
Druck und Bindung: Grafisches Centrum Cuno, Calbe
Papier: Profisilk

MIX
Papier | Fördert gute Waldnutzung
FSC® C043106

Penguin Random House Verlagsgruppe FSC® N001967

Printed in Germany

ISBN 978-3-7913-9180-9

www.prestel.de

Danksagung:
Danke an die Leihgeber dieser einzigartigen Sammlung an Porsche-911-Geschichte, sagenhafte 88 Modelle kamen nun zusammen. Ohne die Mitwirkung bei der Organisation der Fahrzeuge wären die Shootings für dieses Buchprojekt nicht möglich gewesen:

Alois Ruf und sein Team, Porsche Museum mit Unterstützung von Frank Jung und Alexander Klein, Ferdinand Alexander Porsche, Dr. Wolfgang Porsche, Museum Art.Plus Donaueschingen, Porsche Presseabteilung, Klaus Steckkönig, Matthias Müller, Dr. Ulrich Bez, Toni Hatter, Tilman Brodbeck, Hermann Reil, Hans-Gerd Bode, Ernst-Martin Schaible, Tobias Aichele, Stefan Schmucker, Benoît Couturier, Richard Mille, Klaus Bischof, Ernst Schuster, Walter Röhrl, Angelo Pallavicini, Harm Lagaay, Jürgen Lewandowski, Philipp Neuffer, Thorsten Heckendorf, Willi Zins, Andreas Götz, Christian Hupertz, Bernhard Müller, Rolf Sprenger, Tobias Hagenmeyer, Dr. Christian Fitz, Diana und Mark Kessler, Luise Piëch, Carlo Rampazzi, Magnus Walker, Claus Baving, Nico Mader, Alfred Kist, Jörg Weusthoff und dem ganzen Staud und monks Team. Danke an Uwe, Ralf, Felix, Max, Daniel, Stefan, Dean, Till, Fabi, Philipp, Sabi, Justin und last but not least Dagmar, die unsere Termine und Finanzen zusammenhält.